"十二五"普通高等教育本科国家级规划教材　　清华大学工程材料系列教材

国家级精品课程教材
北京高等教育教学成果二等奖
清华大学优秀教材特等奖

工程材料习题与辅导
（第5版）

主编　朱张校　姚可夫

清华大学出版社
北　京

内容简介

本书是《工程材料》(第5版)(朱张校、姚可夫主编,清华大学出版社出版,2011.2)的配套教材,内容包括《工程材料》教材的各章内容提要和习题、课堂讨论指导书和实验指导书三部分。本书可作为大专院校机械类及近机类专业学生学习工程材料、机械工程材料、材料学概论、金属材料及热处理、金属材料学等课程的参考教材和考研参考书。

Exercises and Tutorship for Engineering Materials

Brief Introduction of the Content

This supplis is a complete set of teaching materials with the "Engineering Materials" textbook (fifth edition, chief editor:Zhu Zhangxiao,Yao Kefu, Tsinghua University publishing company. 2011.2). There are three parts of this book, that is, the summary of each chapters and exercises of "Engineering Materials" textbook, classroom discussion guidance and instruction of experiment . The book is a reference textbook of such courses as Engineering Materials, Mechanical Engineering Materials, An Introduction to Materials, Metallic Materials and Heat Treatment and Metallic Materials.

图书在版编目(CIP)数据

工程材料习题与辅导/朱张校,姚可夫主编. —5版. —北京:清华大学出版社,2011.8
(2025.1重印)
(清华大学工程材料系列教材)
ISBN 978-7-302-26257-2

Ⅰ.①工… Ⅱ.①朱… ②姚… Ⅲ.①工程材料—高等学校—教学参考资料 Ⅳ.①TB3

中国版本图书馆 CIP 数据核字(2011)第 138396 号

责任编辑:宋成斌
责任校对:刘玉霞
责任印制:杨 艳

出版发行:清华大学出版社
　　　网　　　址:https://www.tup.com.cn, https://www.wqxuetang.com
　　　地　　　址:北京清华大学学研大厦 A 座　　　邮　　　编:100084
　　　社 总 机:010-83470000　　　邮　　　购:010-62786544
　　　投稿与读者服务:010-62776969,c-service@tup.tsinghua.edu.cn
　　　质 量 反 馈:010-62772015,zhiliang@tup.tsinghua.edu.cn
印 装 者:涿州市般润文化传播有限公司
经　　　销:全国新华书店
开　　　本:185mm×260mm　　　印　　　张:6.25　　　字　　　数:148千字
版　　　次:2011年8月第5版　　　印　　　次:2025年1月第18次印刷
定　　　价:19.00元

产品编号:041429-04

前　言

本书是朱张校、姚可夫主编的《工程材料》（第 5 版）（清华大学出版社出版，2011.2）教材的配套教材。内容包括《工程材料》教材的各章内容提要和习题、课堂讨论指导书和实验指导书三部分，是根据规定的高等工业学校《机械工程材料》课程教学大纲和教学基本要求编写的。内容提要部分阐述《工程材料》教材各章的基本内容和学习重点。习题采用多种形式，突出重点，既考虑有助于对基本理论的学习与掌握，又充分重视对实际生产问题的了解与分析，以逐渐培养学生分析问题和解决问题的能力。课堂讨论是组织学生有准备地讨论课程中的一些重点和难点，使学生掌握课程的重点、基本概念和基本理论，也是学生应用所学知识解决材料问题的一种模拟实践。书中拟定了 4 次课堂讨论的题目，供参考选用。实验指导书部分编了 10 个实验，实验 1～实验 5 为基本实验，其余为选修实验。实验着重于培养学生动手能力、观察能力和分析问题的能力。

本书可作为工科大专院校机械类及近机类专业本科生和大专生学习工程材料、机械工程材料、材料学概论、金属材料及热处理、金属材料学等课程的参考教材。

本书是在清华大学出版社出版的《工程材料习题与辅导》第 1 版（1993.6）及第 3 版（2002.1）的基础上改编的，根据新教材的体系进行了调整，增加了部分内容，同时参考了一些兄弟院校的教学资料。本书中的材料牌号采用了最新的国家标准，旧牌号用括号表示。编者分工如下：

朱张校：金属材料的结构与性能特点、纯金属的结晶、实验 7～实验 10；

张　弓：高分子材料的结构与性能特点、高分子材料、功能材料及新材料；

张华堂：陶瓷材料的结构与性能特点、陶瓷材料、复合材料；

姚可夫：合金的结晶、铸钢与铸铁、轴类选材、汽车用材；

吴运新：金属的塑性加工、有色金属及其合金、课堂讨论指导书；

王昆林：钢的合金化、碳钢、合金钢、热能设备用材；

张人佶：表面技术、机械零件的失效与选材原则、机床用材、仪器仪表用材；

巩前明：钢的热处理、弹簧选材、切削工具选材、化工设备用材、航空航天器用材；

张　欣：实验 1～实验 6。

书中显微组织照片由丁连珍、朱张校提供。郑明新教授审阅了全书。全体编者对郑明新教授表示衷心的感谢。书中有不妥和错误之处，敬请读者批评指正。

朱张校　姚可夫

2011 年 2 月于清华大学

目 录

目 录

第1篇　内容提要和习题

绪　论

0.1　内容提要

本章介绍中华民族对材料发展的重大贡献和新材料新工艺的发展现状。

工程材料的结合键分为离子键、共价键、金属键和分子键四种。

工程材料主要是指用于机械、车辆、船舶、建筑、化工、能源、仪器仪表、航空航天等工程领域中的材料,用来制造工程构件和机械零件,也包括一些用于制造工具的材料和具有特殊性能(如耐蚀、耐高温等)的材料。根据材料的结合键将工程材料分为金属材料、高分子材料、陶瓷材料和复合材料4大类。

本章要求了解中华民族对材料发展的重大贡献,以及新材料、新工艺的发展现状。根据结合键对工程材料进行分类。

0.2　习　题

1. 解释名词

金属键

2. 综合分析题

(1) 什么是工程材料? 按结合键的性质,一般将工程材料分为哪4类?

(2) 高分子材料由什么结合键结合?

1 材料的结构与性能特点

1.1 内 容 提 要

材料的性能决定于材料的化学成分和其内部的组织结构。固态物质按其原子(离子或分子)的聚集状态可分为两大类：晶体与非晶体。原子(离子或分子)在三维空间呈规则、周期性重复排列的物体称为晶体,原子(离子或分子)在空间无规则排列的物体则称为非晶体。

1. 金属材料的结构与性能特点

金属材料由金属键结合,其内部的金属离子在空间有规则的排列,因此固态金属一般情况下均是晶体。固态金属有下列特性：良好的导电、导热性;良好的塑性;不透明、有光泽;正的电阻温度系数。

(1) 三种常见金属的晶体结构

体心立方晶格(胞)：晶格常数 a、90°,晶胞原子数为 2 个,原子半径 $r_{原子}=\dfrac{\sqrt{3}}{4}a$,致密度为 68%,最大空隙半径 $r_四=0.29r_{原子}$,配位数为 8。

面心立方晶格(胞)：晶格常数 a、90°,晶胞原子数为 4 个,原子半径 $r_{原子}=\dfrac{\sqrt{2}}{4}a$,致密度为 74%,最大空隙半径 $r_八=0.414r_{原子}$,配位数为 12。

密排六方晶格(胞)：晶格常数 a、c、90°、120°,晶胞原子数为 6 个,原子半径 $r_{原子}=\dfrac{1}{2}a$,致密度为 74%,最大空隙半径 $r_八=0.414r_{原子}$,配位数为 12。

(2) 晶面与晶向可用晶面指数与晶向指数来表达。不同晶面、不同晶向上的原子排列情况不同。

体心立方晶格的最密面为{110},最密方向为〈111〉。

面心立方晶格的最密面为{111},最密方向为〈110〉。

密排六方晶格的最密面为{0001},最密方向为〈11$\bar{2}$0〉。

(3) 实际金属中含有点缺陷(空位、间隙原子、异类原子)、线缺陷(位错)、面缺陷(晶界、亚晶界)三类晶体缺陷。位错密度增加,材料强度增加。晶界越多,晶粒越细,金属的强度越高(即细晶强化),同时塑性越好。

(4) 合金中有两类基本相：固溶体和金属化合物。固溶强化是金属强化的一种重要形式。细小弥散分布的金属化合物可产生弥散强化或第二相强化。材料内部所有的微观组成总称显微组织(简称组织),材料的组织取决于化学成分和工艺过程。

(5) 材料的性能包括工艺性能和使用性能两方面。工艺性能是指制造工艺过程中材料适应加工的性能;使用性能是指材料在使用条件下所表现出来的性能,它包括力学性能、物理性能和化学性能。

（6）金属材料的性能特点是：强度高，韧性好，塑性变形能力强，综合力学性能好，通过热处理可以大幅度改变力学性能。金属材料导电、导热性好。不同的金属材料耐蚀性相差很大，钛、不锈钢耐蚀性好。碳钢、铸铁耐蚀性差些，一般条件下较稳定。

2. 高分子材料的结构与性能特点

高分子材料（又称为高聚物）是主要由相对分子质量很大的有机化合物即高分子化合物组成的材料，是由低分子化合物通过聚合反应获得的。高分子化合物主要呈长链状，称为大分子链。大分子链之间的相互作用力为分子键，分子链的原子之间、链节之间的相互作用力为共价键。高分子材料的大分子链结构、聚集态与其性能密切相关。高分子材料的聚集态结构有晶态、部分晶态和非晶态三种。不同的聚集态结构对高聚物的性能产生重要影响。线型非晶态高聚物在不同温度下表现三种物理状态：玻璃态、高弹态、粘流态。

高分子材料的性能特点是质量轻，具有高弹性和粘弹性。粘弹性的主要表现形式是蠕变、应力松弛和内耗。高聚物依靠粘性流变能产生较大的塑性变形。高分子材料强度不高，刚度小，韧性较低，塑性很好。温度和变形速度对材料强度有很大影响。高分子材料耐磨、减摩性能好，绝缘，绝热，隔声，耐蚀性能好，但耐热性不高，存在老化问题。

3. 陶瓷材料的结构与性能特点

陶瓷材料的生产过程包括原料的制备、坯料的成形和制品的烧结三大步骤。典型陶瓷的组织由晶体相、玻璃相和气相组成。晶体相是陶瓷的主要组成，决定材料的基本性能。普通陶瓷的晶体相主要是硅酸盐，特种陶瓷的晶体相为氧化物、碳化物、氮化物、硼化物和硅化物，金属陶瓷则还有金属。玻璃相为非均质的酸性和碱性氧化物的非晶态固体，起粘结剂作用。气相是陶瓷组织中残留的孔洞，极大地破坏材料的力学性能。

陶瓷的性能特点是具有不可燃烧性、高耐热性、高化学稳定性、不老化性、高的硬度和良好的抗压能力，但脆性很高，温度急变抗力很低，抗拉、抗弯性能差，不易加工等。

本章重点掌握金属材料的结构与性能特点部分的内容。掌握三种常见金属的晶体结构、实际金属中三类晶体缺陷、合金中的两类基本相（固溶体和金属化合物），以及金属材料的性能特点。掌握细晶强化、固溶强化、第二相强化（弥散强化）的概念。

熟悉高分子材料的结构特征，包括其化学组成及其分类、大分子链的三种形态及其对性能的影响、大分子链的空间构型。掌握高聚物的三种聚集状态及其对性能的影响。熟悉高聚物的力学性能、物理和化学性能的特点。

了解陶瓷材料的结构与性能特点。

1.2 习　题

1. 解释名词

致密度、晶体的各向异性、刃型位错、柏氏矢量、固溶体、固溶强化、金属化合物、组织、组织组成物、疲劳强度、断裂韧性、单体、链节、热塑性、热固性、柔性、玻璃态、高弹态、粘流态

2. 填空题

(1) 同非金属相比,金属的主要特性是(　　　)。

(2) 晶体与非晶体结构上最根本的区别是(　　　)。

(3) 在立方晶系中,{120}晶面族包括(　　　)等晶面。

(4) γ-Fe 的一个晶胞内的原子数为(　　　)。

(5) 高分子材料大分子链的化学组成以(　　　)为主要元素,根据组成元素的不同,可分为三类,即(　　　)、(　　　)和(　　　)。

(6) 大分子链的几何形状主要为(　　　)、(　　　)和(　　　)。热塑性聚合物主要是(　　　)分子链,热固性聚合物主要是(　　　)分子链。

(7) 高分子材料的聚集状态有(　　　)、(　　　)和(　　　)三种。

(8) 线型非晶态高聚物在不同温度下的三种物理状态是(　　　)、(　　　)和(　　　)。

(9) 与金属材料比较,高分子材料的主要力学性能特点是强度(　　　)、弹性(　　　)、弹性模量(　　　)等。

(10) 高分子材料的老化,在结构上是发生了(　　　)和(　　　)。

3. 选择正确答案

(1) 晶体中的位错属于:(　　　)

    a. 体缺陷　　　　　　b. 面缺陷　　　　　　c. 线缺陷　　　　　　d. 点缺陷

(2) 在面心立方晶格中,原子密度最大的晶向是:(　　　)

    a. ⟨100⟩　　　　　　b. ⟨110⟩　　　　　　c. ⟨111⟩　　　　　　d. {120}

(3) 在体心立方晶格中,原子密度最大的晶面是:(　　　)

    a. {100}　　　　　　b. {110}　　　　　　c. {111}　　　　　　d. {120}

(4) 固溶体的晶体结构:(　　　)

    a. 与溶剂相同　　　　　　　　　　　　b. 与溶质相同

    c. 与溶剂、溶质都不相同　　　　　　　d. 与溶剂、溶质都相同

(5) 间隙相的性能特点是:(　　　)

    a. 熔点高、硬度低　　b. 硬度高、熔点低　　c. 硬度高、熔点高　　d. 硬度低、熔点低

(6) 线型非晶态高聚物温度处于 $T_g \sim T_f$ 之间时的状态是:(　　　)

    a. 玻璃态,表现出高弹性　　　　　　　b. 高弹态,表现出不同弹性

    c. 粘流态,表现出非弹性　　　　　　　d. 高弹态,表现出高弹性

(7) 高聚物的粘弹性指的是:(　　　)

    a. 应变滞后于应力的特性　　　　　　　b. 应力滞后于应变的特性

    c. 粘性流动的特性　　　　　　　　　　d. 高温时才能发生弹性变形的特性

(8) 高聚物受力变形后所产生的应力随时间而逐渐衰减的现象叫:(　　　)

    a. 蠕变　　　　　　b. 柔顺性　　　　　　c. 应力松弛　　　　　　d. 内耗

(9) 热固性塑料与热塑性塑料比较,耐热性:(　　　)

    a. 较低　　　　　　b. 较高　　　　　　c. 相同　　　　　　d. 不能比较

（10）高分子材料中结合键的主要形式是：（　　）

　　a. 分子键与离子键　　　　　　　b. 分子键与金属键

　　c. 分子键与共价键　　　　　　　d. 离子键与共价键

4. 综合分析题

（1）在立方晶胞中画出(110)、(120)晶面和$[211]$、$[\overline{1}20]$晶向。

（2）α-Fe、Al、Cu、Ni、V、Mg、Zn 各属何种晶体结构？

（3）画出体心立方晶格、面心立方晶格和密排六方晶格中原子最密的晶面和晶向的原子分布图。

（4）已知 α-Fe 的晶格常数 $a=2.87\times10^{-10}$ m，试求出 α-Fe 的原子半径和致密度。

（5）在常温下，已知铜原子的直径 $d=2.55\times10^{-10}$ m，求铜的晶格常数。

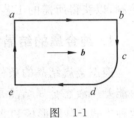

图　1-1

（6）实际金属晶体中存在哪些晶体缺陷？它们对金属性能有什么影响？

（7）一晶体中有一个位错环 abcdea（见图 1-1 俯视图）。说明各段位错各是什么性质的位错，若是刃型位错，说明半原子面的位置。

（8）什么是固溶强化？造成固溶强化的原因是什么？

（9）间隙固溶体和间隙相有什么不同？

（10）说明洛氏硬度的测试原理。

（11）简述冲击弯曲试验的试验方法和冲击韧度的计算方法。·

（12）设有一很大的板件，内有一长为 2 mm 的贯通裂纹，受垂直裂纹面的外力拉伸，当所加应力达到 720 MPa 时裂纹扩展，求该板材料的断裂韧性。（$Y=\sqrt{\pi}$）

（13）简述高聚物大分子链的结构和形态，它们对高聚物的性能有何影响？

（14）说明晶态聚合物与非晶态聚合物性能上的差别，并从材料结构上分析其原因。

（15）高聚物的强度为什么低？

（16）何谓高聚物的老化？说明老化的原因，提出改进高聚物抗老化能力的措施。

（17）说明塑料在减摩、耐磨性方面的特点。

（18）画出高聚物大分子链的三种形态。

（19）画出线型非晶态高聚物的变形度随温度变化的曲线。

（20）陶瓷的典型组织由哪几种相组成？

（21）为什么陶瓷的实际强度比理论强度低得多？指出影响陶瓷强度的因素和提高强度的途径。

2 金属材料组织和性能的控制

2.1 内 容 提 要

本章介绍结晶、塑性变形、热处理、合金化、表面处理等工艺对金属材料组织与性能的影响规律。实际生产中可以通过采用不同的工艺方法和工艺参数对金属材料组织与性能进行控制,以获得所需的工艺性能和使用性能。

1. 纯金属的结晶

液态金属结晶的条件是要有一定的过冷度,结晶过程的推动力是液相和固相之间的自由能差。液态金属结晶是由生核和长大两个密切联系的基本过程来实现的。晶核的形成有两种方式:自发形核和非自发形核。在实际金属和合金中,非自发形核往往起优先的、主导的作用。晶体的长大有平面长大和树枝状长大两种方式,实际金属结晶时,一般均是以树枝状长大方式长大。

金属在固态下随温度的改变,由一种晶格转变为另一种晶格的现象,称为同素异构转变。

典型铸锭明显地分为三个各具特征的晶区:细等轴晶区、柱状晶区、粗等轴晶区。

细化铸态金属晶粒的措施有:增大金属的过冷度、变质处理、振动、电磁搅拌。

2. 二元合金的结晶

(1) 运用合金相图分析合金的结晶过程。二元合金的基本相图有:匀晶相图、共晶相图、包晶相图、共析相图等。从液相中结晶出固溶体的反应叫做匀晶反应。由一种液相在恒温下同时结晶出两种固相的反应叫做共晶反应。由一种液相和一种固相在恒温下生成另一种固相的反应叫做包晶反应。由一种固相转变成完全不同的两种相互关联的固相叫做共析反应。合金处于二相时,可用杠杆定律计算出两种相分别在合金中的质量分数。

合金的工艺性能、使用性能与相图有密切的关系。

(2) 铁碳相图 铁碳相图是研究钢和铸铁的基础,对于钢铁材料的应用以及热加工和热处理工艺的制定具有重要的指导意义。$Fe-Fe_3C$ 相图中存在五种相:液相 L、δ 相、α 相、γ 相、Fe_3C 相。

根据铁碳相图对典型铁碳合金结晶过程进行分析,研究铁碳合金的成分、组织、性能之间的关系。

工业纯铁的室温平衡组织为 F,由于其强度低、硬度低,不宜用做结构材料。

共析钢的室温平衡组织全部为 P。亚共析钢室温平衡组织为 F+P。过共析钢室温平衡组织为 Fe_3C_{II} +P。碳钢的强韧性较好,应用广泛。

亚共晶白口铸铁的室温平衡组织为 P+Fe_3C_{II} +Le′。共晶白口铸铁的室温平衡组织为 Le′,过共晶白口铸铁的室温平衡组织为 Fe_3C_I +Le′。白口铸铁的室温平衡组织中含有莱氏体(Le'),硬度高、脆性大,应用较少。

Fe-Fe₃C 相图在生产中具有很大的实际意义,主要应用在钢铁材料的选用和加工工艺的制定两个方面。

本节应掌握结晶过程中生核和长大的概念,特别是非自发生核和树枝状长大的观点;过冷度对结晶过程的影响规律及获得细晶的方法。掌握具有匀晶相图、共晶相图的合金的结晶过程,熟练运用杠杆定律。熟悉铁碳相图。会根据铁碳相图对典型铁碳合金结晶过程进行分析,掌握铁碳合金的成分、组织、性能之间的关系。

3. 金属的塑性加工

单晶体金属塑性变形的基本方式是滑移和孪生。滑移是位错运动的结果。多晶体塑性变形时,由于晶界对位错运动的阻碍作用,增大了对塑性变形的抗力。细晶粒金属材料晶界多,故强度较高、塑性好、韧性比较好。

塑性变形造成晶格扭曲、晶粒变形和破碎,出现亚结构,甚至形成纤维组织。当外力去除后,金属内部还存在残余内应力。塑性变形使位错密度增加,从而使金属的强度、硬度增加而塑性、韧性下降,即产生加工硬化。

塑性变形后的金属在再加热时,随加热温度的升高,将发生回复、再结晶与晶粒长大等过程。再结晶后,金属形成新的无畸变的并与变形前相同晶格形式的等轴晶粒,同时位错密度降低,加工硬化现象消失。

再结晶的开始温度主要取决于变形度。变形度越大,再结晶开始温度越低。大变形度(70%~80%)的金属的再结晶温度与熔点的关系为

$$T_{再}(K) = (0.35 \sim 0.4)T_{熔}(K)$$

再结晶后的晶粒大小与加热温度和预变形度有关。加热温度越低或预变形度越大,其再结晶后晶粒越细。但要注意临界变形度的情况。对于一般金属,当变形度为 2%~10% 时,由于变形很不均匀,会出现晶粒的异常长大,导致性能急剧下降。

本节重点要掌握塑性变形的机制;加工硬化的本质及实际意义;再结晶的概念和应用;冷热加工的区别等。

4. 钢的热处理

热处理是将固态金属或合金在一定介质中加热、保温和冷却,以改变其整体或表面组织,从而获得所需性能的一种工艺。热处理是改善金属材料的使用性能和加工性能的一种非常重要的工艺方法。

用过冷奥氏体的等温转变曲线分析过冷奥氏体在不同条件下转变为各种产物(珠光体型、贝氏体型和马氏体)的转变过程、产物特征及其性能。

过冷奥氏体的高温转变产物是珠光体型组织。珠光体是铁素体和渗碳体的机械混合物,转变温度越低,层间距越小。按层间距珠光体型组织分为珠光体(P)、索氏体(S)和屈氏体(T)。

过冷奥氏体的中温转变产物是贝氏体型组织,分为上贝氏体和下贝氏体两种。

过冷奥氏体的低温转变产物是马氏体,马氏体是碳在 α-Fe 中的过饱和固溶体。马氏体转变的特点是一种非扩散型转变,马氏体的形成速度很快,而它的转变是不彻底的,总要

残留少量奥氏体;马氏体形成时体积膨胀,在钢中造成很大的内应力,严重时将使被处理零件开裂。

马氏体的形态有板条状和针状(或称片状)两种。碳质量分数在 0.25% 以下时,基本上是板条马氏体(亦称低碳马氏体),碳质量分数在 1.0% 以上时,基本上是针状马氏体(亦称高碳马氏体)。

马氏体的性能特点:高碳马氏体由于过饱和度大,内应力高和存在孪晶结构,所以硬而脆,塑性、韧性极差。但晶粒细化得到的隐晶马氏体却有一定的韧性。低碳马氏体,由于过饱和度小,内应力低和存在位错亚结构,则不仅强度高,而且塑性、韧性也较好。马氏体的比容比奥氏体大。马氏体是一种铁磁相。马氏体的晶格有很大的畸变,因此它的电阻率高。

亚共析钢、过共析钢与共析钢不同,在奥氏体转变为珠光体之前,就有先共析铁素体或渗碳体析出。因此在亚共析钢 C 曲线上多了一条铁素体析出线,过共析钢则多了一条渗碳体析出线。

改变金属整体组织的热处理有退火、正火、淬火和回火四种;改变金属表面或局部组织的热处理工艺有表面淬火和化学热处理两种。

本节的重点是运用 C 曲线分析过冷奥氏体在不同条件下转变为各种产物的转变过程、产物特征及其性能,以及回火转变后各种组织的本质、形态和性能特点。在工艺方面,要抓住各类热处理工艺—组织—性能—应用的规律和特点;熟悉退火、正火、淬火、回火、表面淬火和化学热处理等热处理工艺。掌握钢的淬透性的概念和应用。能制定热处理工艺规范并对实际问题具有一定的工艺分析能力。

5. 钢的合金化

合金元素在钢中的存在主要有两种形式:合金元素溶入铁碳合金中三个基本相(铁素体、渗碳体和奥氏体)中,分别形成合金铁素体、合金渗碳体和合金奥氏体。合金元素在铁素体和奥氏体中起固溶强化作用。合金元素与碳形成碳化物。合金碳化物熔点高、硬度高,加热时难以溶入奥氏体,故对钢的性能有很大的影响。

V、Ti、Nb、Zr、Al 等元素强烈阻止奥氏体晶粒长大,Mn、P 促使奥氏体晶粒长大;Si、Ni、Cu 对奥氏体晶粒长大影响不大。

除 Co 以外,所有的合金元素都使 C 曲线往右移动,降低钢的临界冷却速度,从而提高钢的淬透性。除 Co、Al 以外,所有的合金元素都使 M_s 和 M_f 点下降,其结果使淬火后钢中残余奥氏体量增加。残余奥氏体量过高时,钢的硬度下降,疲劳强度下降,因此应很好地控制其含量。

合金元素可提高钢的回火稳定性。回火稳定性即是钢对于回火时所发生的软化过程的抗力。提高回火稳定性较强的元素有 V、Si、Mo、W、Ni、Mn、Co 等。

若钢中含有大量的碳化物形成元素如 W、V、Mo 等,在 400℃ 以上回火时形成和析出如 W_2C、Mo_2C 和 VC 等高弥散度的合金碳化物,使钢的强度、硬度升高,即产生二次硬化现象。Mo 、W 可以避免高温回火脆性出现。

合金元素可以通过细晶强化、固溶强化、第二相强化使钢的强度增加。马氏体相变加上回火转变是钢中最经济最有效的综合强化手段。合金元素使钢能更容易地获得马氏体。只有得到马氏体,钢的综合强化才能得到保证。

合金元素可通过下列途径使钢的韧性提高：细化晶粒、细化碳化物、提高钢的回火稳定性、改善基体(铁素体)的韧性(加 Ni)、消除回火脆性(加 Mo)。

本节重点掌握合金元素在钢中的作用和对钢的相变过程的影响规律,合金元素提高钢的强度和韧性的原因。

6. 表面技术

表面技术包括电刷镀、热喷涂、气相沉积和激光强化等。

电刷镀：使用专门的镀液和阳极(镀笔),工件接直流电源负极、镀笔接直流电源正极,依靠浸满镀液的镀笔在工件表面擦拭获得镀层。

热喷涂：利用热源将金属或非金属材料加热到熔化或半熔化状态,用高速气流将其吹成微小颗粒(雾化),喷射到工件表面,形成牢固的覆盖层的表面加工方法。

气相沉积：从气相物质中析出固相并沉积在基材表面的一种新型表面镀膜技术,分为化学气相沉积(CVD)及物理气相沉积(PVD)两大类。利用气态化合物(或化合物的混合物)在基体受热表面发生化学反应,并在该基体表面生成固态沉积物的方法称为化学气相沉积。在真空环境中,以物理方法产生的原子或分子沉积在基材上,形成薄膜或涂层的方法称为物理气相沉积。

激光强化：激光具有 $10^4 \sim 10^8 \, W/cm^2$ 的高功率密度,使被照射材料表面的温度瞬时上升至相变点、熔点甚至沸点以上,并产生一系列物理或化学的现象。激光强化技术包括激光相变硬化、激光熔覆、激光熔凝等。

激光相变硬化(激光淬火)：激光束照射工件,需要硬化的部位温度急剧上升,形成奥氏体,而工件基体仍处于冷态。停止激光照射,加热区因急冷而实现工件的自冷淬火,获得超细化的隐晶马氏体组织。

激光熔覆：用激光在基体表面覆盖一层薄的具有特定性能的涂覆材料。

激光熔凝：用激光束加热工件表面,使工件表面熔化到一定深度后自冷,使熔层凝固,获得细化均质的熔凝层组织。

表面技术可以大大提高工程材料的耐蚀、耐磨、耐疲劳性能,延长工件的使用寿命,具有重要的经济意义。本节重点掌握气相沉积和激光强化技术。

本章是工程材料课程的重点章。要求掌握铁碳相图、典型铁碳合金结晶过程、钢的热处理和钢的合金化几部分的内容。熟悉纯金属、合金的结晶,金属的塑性加工、再结晶对金属组织和性能的影响规律。表面技术部分只作一般了解。

2.2 习　题

1. 解释名词

过冷度、非自发形核、变质处理、铁素体、珠光体、滑移、加工硬化、再结晶、滑移系、本质晶粒度、球化退火、马氏体、淬透性、淬硬性、调质处理、回火稳定性、二次硬化、回火脆性、CVD、激光相变硬化

2. 填空题

(1) 结晶过程是依靠两个密切联系的基本过程来实现的,这两个过程是(   )和(   )。

(2) 当对金属液体进行变质处理时,变质剂的作用是(   )。

(3) 液态金属结晶时,结晶过程的推动力是(   ),阻力是(   )。

(4) 过冷度是指(   ),其表示符号为(   )。

(5) 典型铸锭结构的三个晶区分别为(   )、(   )和(   )。

(6) 固溶体的强度和硬度比溶剂的强度和硬度(   )。

(7) 固溶体出现枝晶偏析后,可用(   )加以消除。

(8) 一合金发生共晶反应,液相 L 生成共晶体($\alpha+\beta$)。共晶反应式为(   ),共晶反应的特点是(   )。

(9) 一块纯铁在 912℃发生 $\alpha\text{-Fe}\rightarrow\gamma\text{-Fe}$ 转变时,体积将(   )。

(10) 珠光体的本质是(   )。

(11) 在铁碳合金室温平衡组织中,含 Fe_3C_{II} 最多的合金成分点为(   ),含 Le' 最多的合金成分点为(   )。

(12) 用显微镜观察某亚共析钢,若估算其中的珠光体体积分数为 80%,则此钢的碳的质量分数为(   )。

(13) 钢在常温下的变形加工称为(   )加工,而铅在常温下的变形加工则称为(   )加工。

(14) 造成加工硬化的根本原因是(   )。

(15) 滑移的本质是(   )。

(16) 变形金属的最低再结晶温度与熔点的关系是(   )。

(17) 再结晶后晶粒度的大小主要取决于(   )和(   )。

(18) 在过冷奥氏体等温转变产物中,珠光体与屈氏体的主要相同点是(   ),不同点是(   )。

(19) 用光学显微镜观察,上贝氏体的组织特征呈(   )状,而下贝氏体则呈(   )状。

(20) 马氏体的显微组织形态主要有(   )、(   )两种。其中(   )的韧性较好。

(21) 钢的淬透性越高,则其 C 曲线的位置越(   ),说明临界冷却速度越(   )。

(22) 马氏体是一种(   )磁相,在磁场中呈现磁性;而奥氏体是一种(   )磁相,在磁场中无磁性。

(23) 球化退火加热温度略高于 A_{c1},以便保留较多的(   )或较大的奥氏体中的(   ),促进球状碳化物的形成。

(24) 球化退火的主要目的是(   ),它主要适用于(   )钢。

(25) 亚共析钢的正常淬火温度范围是(   ),过共析钢的正常淬火温度范围是(   )。

(26) 淬火钢进行回火的目的是(   ),回火温度越高,钢的强度与硬度越(   )。

(27) 合金元素中,碳化物形成元素有(   )。

(28) 促进晶粒长大的合金元素有(   )。

(29) 除（　　）、（　　）外,几乎所有的合金元素都使 M_s、M_f 点下降,因此淬火后相同碳质量分数的合金钢与碳钢相比,残余奥氏体（　　）,使钢的硬度（　　）。

(30) 一些含有合金元素（　　）的合金钢,容易产生第二类回火脆性,为了消除第二类回火脆性,可采用（　　）和（　　）。

(31) 在电刷镀时,工件接直流电源（　　）极、镀笔接直流电源（　　）极,可以在工件表面获得镀层。

(32) 利用气体导电(或放电)所产生的（　　）作为热源进行喷涂的技术叫等离子喷涂。

3. 是非题

(1) 凡是由液体凝固成固体的过程都是结晶过程。　　　　　　　　　　　　（　　）

(2) 室温下,金属晶粒越细,则强度越高、塑性越低。　　　　　　　　　　（　　）

(3) 在实际金属和合金中,自发生核常常起着优先和主导的作用。　　　　（　　）

(4) 当形成树枝状晶体时,枝晶的各次晶轴将具有不同的位向,故结晶后形成的枝晶是一个多晶体。　　　　　　　　　　　　　　　　　　　　　　　　　　　（　　）

(5) 晶粒度级数的数值越大,晶粒越细。　　　　　　　　　　　　　　　　（　　）

(6) 平衡结晶获得的 Ni 质量分数为 20% 的 Cu-Ni 合金比 Ni 质量分数为 40% 的 Cu-Ni 合金的硬度和强度要高。　　　　　　　　　　　　　　　　　　　（　　）

(7) 一个合金的室温组织为 $\alpha+\beta_{II}+(\alpha+\beta)$,它由三相组成。　　　　　（　　）

(8) 铁素体的本质是碳在 α-Fe 中的间隙相。　　　　　　　　　　　　　（　　）

(9) 20 钢比 T12 钢的碳质量分数要高。　　　　　　　　　　　　　　　　（　　）

(10) 在退火状态(接近平衡组织)45 钢比 20 钢的塑性和强度都高。　　　（　　）

(11) 在铁碳含金平衡结晶过程中,只有碳质量分数为 4.3% 的铁碳合金才能发生共晶反应。　　　　　　　　　　　　　　　　　　　　　　　　　　　　　　（　　）

(12) 滑移变形不会引起金属晶体结构的变化。　　　　　　　　　　　　　（　　）

(13) 因为 BCC 晶格与 FCC 晶格具有相同数量的滑移系,所以两种晶体的塑性变形能力完全相同。　　　　　　　　　　　　　　　　　　　　　　　　　　（　　）

(14) 孪生变形所需要的切应力要比滑移变形时所需的小得多。　　　　　（　　）

(15) 金属铸件可以通过再结晶退火来细化晶粒。　　　　　　　　　　　　（　　）

(16) 再结晶过程是有晶格类型变化的结晶过程。　　　　　　　　　　　　（　　）

(17) 重结晶退火就是再结晶退火。　　　　　　　　　　　　　　　　　　（　　）

(18) 渗碳体的形态不影响奥氏体化形成速度。　　　　　　　　　　　　　（　　）

(19) 马氏体是碳在 α-Fe 中的过饱和固溶体。当奥氏体向马氏体转变时,体积要收缩。　　　　　　　　　　　　　　　　　　　　　　　　　　　　　　　（　　）

(20) 当把亚共析钢加热到 A_{c1} 和 A_{c3} 之间的温度时,将获得由铁素体和奥氏体构成的两相组织,在平衡条件下,其中奥氏体的碳质量分数总是大于钢的碳质量分数。　（　　）

(21) 当原始组织为片状珠光体的钢加热奥氏体化时,细片状珠光体的奥氏体化速度要比粗片状珠光体的奥氏体化速度快。　　　　　　　　　　　　　　　（　　）

(22) 当共析成分的奥氏体在冷却发生珠光体转变时,温度越低,其转变产物组织越粗。　　　　　　　　　　　　　　　　　　　　　　　　　　　　　　　　（　　）

(23) 在碳钢中,共析钢的淬透性最好。 （　）

(24) 高合金钢既具有良好的淬透性,也具有良好的淬硬性。 （　）

(25) 经退火后再高温回火的钢,能得到回火索氏体组织,具有良好的综合力学性能。

（　）

(26) 调质得到的回火索氏体和正火得到的索氏体形貌相似,渗碳体形态一样。 （　）

(27) 在同样淬火条件下,淬透层深度越大,则钢的淬透性越好。 （　）

(28) 感应加热过程中,电流频率越大,电流渗入深度越小,加热层也越薄。 （　）

(29) 表面淬火既能改变钢的表面组织,也能改善心部的组织和性能。 （　）

(30) 所有的合金元素都能提高钢的淬透性。 （　）

(31) 合金元素 Mn、Ni、N 可以扩大奥氏体区。 （　）

(32) 合金元素对钢的强化效果主要是固溶强化。 （　）

(33) 60Si2Mn 钢比 T12 和 40 钢有更好的淬透性和淬硬性。 （　）

(34) 所有的合金元素均使 M_s、M_f 下降。 （　）

(35) 电弧喷涂技术可以在金属表面喷涂塑料。 （　）

(36) 气相沉积技术是从气相物质中析出固相并沉积在基材表面的一种表面镀膜技术。

（　）

4. 选择正确答案

(1) 金属结晶时,冷却速度越快,其实际结晶温度将:（　）

    a. 越高   b. 越低   c. 越接近理论结晶温度

(2) 为细化铸造金属的晶粒,可采用:（　）

    a. 快速浇注   b. 加变质剂   c. 以砂型代金属型

(3) 在发生 $L \rightarrow (\alpha + \beta)$ 共晶反应时,三相的成分:（　）

    a. 相同   b. 确定   c. 不定

(4) 共析成分的合金在共析反应 $\gamma \rightarrow (\alpha + \beta)$ 刚结束时,其组成相为:（　）

    a. γ、α、β b. α、β c. $(\alpha + \beta)$

(5) 奥氏体是:（　）

    a. 碳在 γ-Fe 中的间隙固溶体   b. 碳在 α-Fe 中的间隙固溶体

    c. 碳在 α-Fe 中的有限固溶体

(6) 珠光体是一种:（　）

    a. 单相固溶体   b. 两相混合物   c. Fe 与 C 的化合物

(7) T10 钢的碳质量分数为:（　）

    a. 0.1%   b. 1.0%   c. 10%

(8) 铁素体的力学性能特点是:（　）

    a. 强度高、塑性好、硬度低   b. 强度低、塑性差、硬度低

    c. 强度低、塑性好、硬度低

(9) 面心立方晶格的晶体在受力变形时的滑移面是:（　）

    a. {100}   b. {111}   c. {110}

(10) 体心立方晶格的晶体在受力变形时的滑移方向是:（　）

　　　　a.〈100〉　　　　　　　　b.〈111〉　　　　　　　c.〈110〉

(11) 变形金属再结晶后:(　　)

　　　　a. 形成等轴晶,强度增大　　　　　　　　b. 形成柱状晶,塑性下降

　　　　c. 形成柱状晶,强度升高　　　　　　　　d. 形成等轴晶,塑性升高

(12) 奥氏体向珠光体的转变是:(　　)

　　　　a. 扩散型转变　　　　b. 非扩散型转变　　　c. 半扩散型转变

(13) 钢经调质处理后获得的组织是:(　　)

　　　　a. 回火马氏体　　　　b. 回火屈氏体　　　　c. 回火索氏体

(14) 共析钢的过冷奥氏体在 550～350℃ 的温度区间等温转变时,所形成的组织是:(　　)

　　　　a. 索氏体　　　　　　　　　　　　　b. 下贝氏体

　　　　c. 上贝氏体　　　　　　　　　　　　d. 珠光体

(15) 若合金元素能使 C 曲线右移,钢的淬透性将:(　　)

　　　　a. 降低　　　　　　　　　　　　　　b. 提高

　　　　c. 不改变　　　　　　　　　　　　　d. 降低还是提高不确定

(16) 马氏体的硬度取决于:(　　)

　　　　a. 冷却速度　　　　　　b. 转变温度　　　c. 碳质量分数

(17) 淬硬性好的钢:(　　)

　　　　a. 具有高的合金元素质量分数　　　　　b. 具有高的碳质量分数

　　　　c. 具有低的碳质量分数

(18) 对形状复杂,截面变化大的零件进行淬火时,应选用:(　　)

　　　　a. 高淬透性钢　　　　b. 中淬透性钢　　　c. 低淬透性钢

(19) 直径为 10 mm 的 40 钢的常规淬火温度大约为:(　　)

　　　　a. 750℃　　　　　　　b. 850℃　　　　　　c. 920℃

(20) 直径为 10 mm 的 40 钢在常规淬火温度加热后水淬后的显微组织为:(　　)

　　　　a. 马氏体　　　　　　b. 铁素体＋马氏体　　c. 马氏体＋珠光体

(21) 完全退火主要适用于:(　　)

　　　　a. 亚共析钢　　　　　b. 共析钢　　　　　　c. 过共析钢

(22) 钢的回火处理是在:(　　)

　　　　a. 退火后进行　　　　b. 正火后进行　　　　c. 淬火后进行

(23) 20 钢的渗碳温度范围是:(　　)

　　　　a. 600～650℃　　　　　　　　　　　b. 800～820℃

　　　　c. 900～950℃　　　　　　　　　　　d. 1000～1050℃

(24) 钢的淬透性主要取决于:(　　)

　　　　a. 钢中碳质量分数　　　　　　　　　　b. 冷却介质

　　　　c. 钢中合金元素种类和质量分数

(25) 钢的淬硬性主要取决于:(　　)

　　　　a. 钢中碳质量分数　　　　　　　　　　b. 冷却介质

　　　　c. 钢中合金元素种类和质量分数

5. 综合分析题

（1）金属结晶的条件和动力是什么？

（2）金属结晶的基本规律是什么？

（3）在实际应用中，细晶粒金属材料往往具有较好的常温力学性能，细化铸造金属材料晶粒的措施有哪些？

（4）如果其他条件相同，试比较在下列铸造条件下铸件晶粒的大小：

    ① 砂模浇注与金属模浇注；

    ② 变质处理与不变质处理；

    ③ 铸成厚件与铸成薄件；

    ④ 浇注时采用振动与不采用振动。

（5）为什么钢锭希望尽量减少柱状晶区？

（6）将 20 kg 纯铜与 30 kg 纯镍熔化后慢冷至如图 1-2 温度 T_1，求此时：

    ① 两相的化学成分；

    ② 两相的质量比；

    ③ 各相的质量分数；

    ④ 各相的质量。

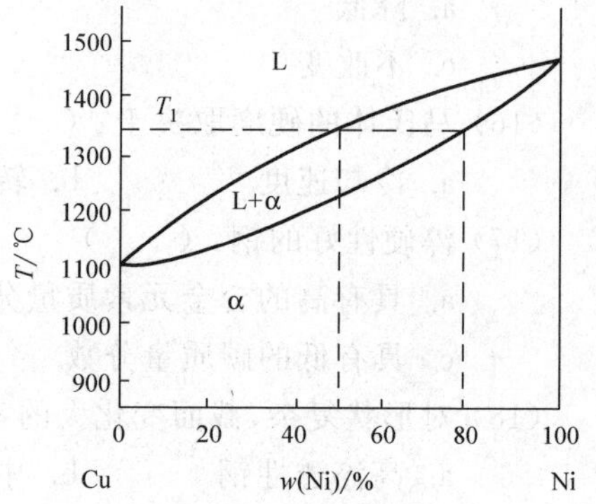

（7）求碳的质量分数为 3.5% 的质量为 10 kg 的铁碳合金从液态缓慢冷却到共晶温度（但尚未发生共晶反应）时所剩下的液体的碳的质量分数及液体的质量。

（8）比较退火状态下的 45 钢、T8 钢、T12 钢的硬度、强度和塑性的高低，简述原因。

（9）同样形状的两块铁碳合金，其中一块是退火状态的 15 钢，一块是白口铸铁，用什么简便方法可迅速区分它们？

图 1-2

（10）为什么碳钢进行热锻、热轧时都要加热到奥氏体区？

（11）手锯锯条、普通螺钉、车床主轴分别用何种碳钢制造？

（12）为什么细晶粒钢强度高，塑性、韧性也好？

（13）与单晶体的塑性变形相比较，说明多晶体塑性变形的特点。

（14）金属塑性变形后组织和性能会有什么变化？

（15）在图 1-3 所示的晶面、晶向中，哪些是滑移面？哪些是滑移方向？图中情况能否构成滑移系？

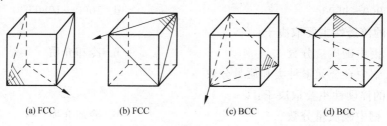

    (a) FCC   (b) FCC   (c) BCC   (d) BCC

图 1-3

(16) 用低碳钢钢板冷冲压成形的零件,冲压后发现各部位的硬度不同,为什么?

(17) 已知金属钨、铅的熔点分别为 3380℃ 和 327℃,试计算它们的最低再结晶温度,并分析钨在 900℃ 加工、铅在室温加工时各为何种加工?

(18) 何谓临界变形度? 分析造成临界变形度的原因。

(19) 在制造齿轮时,有时采用喷丸处理(将金属丸喷射到零件表面上),使齿面得以强化。试分析强化原因。

(20) 再结晶和重结晶有何不同?

(21) 热轧空冷的 45 钢钢材在重新加热到超过临界点后再空冷下来时,组织为什么能细化?

(22) 画出珠光体、下贝氏体和低碳马氏体在显微镜下的形态示意图。

(23) 试述马氏体转变的基本特点。

(24) 试比较索氏体和回火索氏体、马氏体和回火马氏体之间在形成条件、金相形态与性能上的主要区别。

(25) 马氏体的本质是什么? 它的硬度为什么很高? 为什么高碳马氏体的脆性大?

(26) 为什么钢件淬火后一般不直接使用,需要进行回火?

(27) 直径为 6 mm 的共析钢小试样加热到相变点 A_1 以上 30℃,用图 1-4 所示的冷却曲线进行冷却,试分析所得到的组织,说明各属于什么热处理方法。

(28) 调质处理后的 40 钢齿轮,经高频感应加热后的温度 T 分布如图 1-5 所示。试分析高频感应加热水淬后,轮齿由表面到中心各区(Ⅰ、Ⅱ、Ⅲ)的组织。

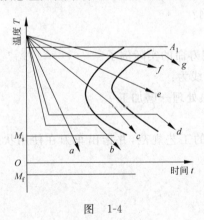

图　1-4

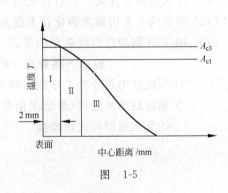

图　1-5

(29) 确定下列钢件的退火方法,并指出退火目的及退火后的组织:

　　① 经冷轧后的 15 钢钢板,要求降低硬度;

　　② ZG270-500(ZG35)的铸造齿轮;

　　③ 改善 T12 钢的切削加工性能。

(30) 说明直径为 6 mm 的 45 钢退火试样分别经下列温度加热:700℃、760℃、840℃、1100℃,保温后在水中冷却得到的室温组织。

(31) 两个碳质量分数为 1.2% 的碳钢薄试样,分别加热到 780℃ 和 900℃,保温相同时间奥氏体化后,以大于淬火临界冷却速度的速度冷却至室温。试分析:

　　① 哪个温度加热淬火后马氏体晶粒较粗大?

② 哪个温度加热淬火后马氏体中碳质量分数较少？

③ 哪个温度加热淬火后残余奥氏体量较多？

④ 哪个温度加热淬火后未溶碳化物量较多？

⑤ 你认为哪个温度加热淬火合适？

(32) 指出下列工件的淬火温度及回火温度，并说出回火后获得的组织。

①45 钢小轴（要求综合力学性能好）；

②60 钢弹簧；

③ T12 钢锉刀。

(33) 两根 45 钢制造的轴，直径分别为 10 mm 和 100 mm，在水中淬火后，横截面上的组织和硬度是如何分布的？

(34) 甲、乙两厂生产同一种零件，均选用 45 钢，硬度要求 220～250 HB，甲厂采用正火，乙厂采用调质处理，均能达到硬度要求，试分析甲、乙两厂产品的组织和性能差别。

(35) 试说明表面淬火、渗碳以及氮化处理工艺在选用钢种、性能、应用范围等方面的差别。

(36) 试述固溶强化、加工硬化和弥散强化的强化原理。

(37) 合金元素提高钢的回火稳定性的原因何在？

(38) 什么是钢的回火脆性？如何避免？

(39) 为什么说得到马氏体随后回火处理是钢的最经济而又最有效的强韧化方法？

(40) 为什么碳质量分数为 0.4%、铬质量分数为 12% 的铬钢属于过共析钢，而碳质量分数为 1.0%、铬质量分数为 12% 的钢属于莱氏体钢？

(41) 什么是激光淬火？它有什么特点？

(42) 举出两个采用激光强化技术提高工件使用寿命的实际例子。

(43) 用 T10 钢制造形状简单的车刀，其工艺路线为：

锻造→热处理→机加工→热处理→磨加工

① 写出其中热处理工序的名称及作用。

② 制定最终热处理（磨加工前的热处理）的工艺规范，并指出车刀在使用状态下的显微组织和大致硬度。

3 金属材料

3.1 内容提要

本章主要介绍碳钢、合金钢的分类方法、成分和主要应用。着重介绍各类合金钢的牌号、成分特点、热处理工艺、组织、性能和应用。还介绍铸铁、有色金属的牌号、成分、热处理工艺、组织、性能及其应用。

1. 碳钢

(1) 普通碳素结构钢：这类钢主要保证力学性能。一般情况下，在热轧状态使用，不再进行热处理。但对某些零件，也可以进行正火、调质、渗碳等处理，以提高其使用性能。

牌号和用途：Q195、Q215、Q235A、Q235B等钢塑性较好，有一定的强度。通常轧制成钢筋、钢板、钢管等，可用于桥梁、建筑物等构件，也可用做普通螺钉、螺帽、铆钉等。

(2) 优质碳素结构钢：优质碳素结构钢主要用来制造各种机器零件，使用前一般都要经过热处理。

08F塑性好，可制造冷冲压零件。

10、20钢冷冲压性与焊接性能良好，可用做冲压件及焊接件，经过热处理(如渗碳)也可以制造轴、销等零件。

35、40、45、50、60钢经热处理后，可获得良好的综合力学性能，用来制造齿轮、轴类、套筒等零件。60、65钢主要用来制造弹簧。

(3) 碳素工具钢：碳素工具钢用来制造各种刀具、量具、模具等。

T7、T8硬度高、韧性较高，可制造冲头、凿子、锤子等工具。

T9、T10、T11硬度高，韧性适中，可制造钻头、刨刀、丝锥、手锯条等刀具及冷作模具等。

T12、T13硬度高，韧性较低，可制作锉刀、刮刀等刀具及量规、样套等量具。

碳素工具钢使用前都要进行热处理。

2. 合金钢

合金钢分为合金结构钢、合金工具钢、特殊性能钢三类。

低合金结构钢 Q345(16Mn)、Q420(15MnVN)。主要用于制造桥梁、船舶、车辆、锅炉、高压容器、输油输气管道、大型钢结构等。一般在热轧空冷状态下使用。

调质钢 40Cr、40MnB、38CrSi、40CrNiMo。用于制造齿轮、轴类件、连杆、螺栓等。调质钢的热处理是淬火加高温回火。某些零件，除了要求有良好的综合力学性能外，还要求工作表面有较好的耐磨性，可在调质后进行感应加热表面淬火或进行专门的化学热处理，如氮化等。

渗碳钢 20Cr、20MnVB、20CrMnTi、18Cr2Ni4WA。主要用于制造汽车、拖拉机中的变速齿轮,内燃机上的凸轮轴、活塞销等机器零件。这类零件在工作中遭受强烈的摩擦磨损,同时又承受较大的交变载荷,特别是冲击载荷。合金渗碳钢的热处理工艺一般都是渗碳后直接淬火,再低温回火。渗碳之后可以先正火,以消除过热组织,然后再进行淬火、低温回火。

弹簧钢 65Mn、50CrV、60Si2Mn。主要用于制造各种弹簧和弹性元件。热成形弹簧用热轧钢丝或钢板制成,然后淬火和中温(450~550℃)回火。冷成形弹簧一般用冷拔弹簧钢丝(片)卷成。进行消除应力的低温(200~300℃)退火。

轴承钢 GCr4、GCr15、GCr15SiMn。主要用来制造滚动轴承的滚动体(滚珠、滚柱、滚针)、内外套圈等,也用于制造精密量具、冷冲模、机床丝杠等耐磨件。热处理工艺一般是淬火和低温回火。

低合金刃具钢 9SiCr、Cr2。制造低速度切削刀具,如丝锥、板牙等。热处理工艺是淬火和低温回火。

高速钢 W18Cr4V、W6Mo5Cr4V2。制造各种金属切削刀具,如车刀、铣刀、钻头等。热处理工艺是淬火+三次回火。加热温度非常高,一般为 1220~1280℃。550~570℃回火三次,高速钢回火后的组织为回火马氏体、细粒状碳化物及少量残余奥氏体。具有高的强度、硬度和热硬性。

冷作模具钢 CrWMn、Cr12MoV。用于制造各种冷冲模、冷镦模、冷挤压模和拉丝模。冷模具钢可以用刃具钢制造,如 9Mn2V、9SiCr、W18Cr4V 等。

热作模具钢 5CrMnMo、5CrNiMo、3Cr3Mo3W2V。制造各种热锻模、热压模、热挤压模和压铸模等,热处理为淬火后高温(550℃左右)回火。

不锈钢 12Cr13(1Cr13)、20Cr13(2Cr13)、30Cr13(3Cr13)、40Cr13(4Cr13)、10Cr17(1Cr17)、06Cr18Ni11Ti(0Cr18Ni10Ti)。制造汽轮机叶片、化工设备、容器和管道、食品工厂设备。

合金钢的牌号、热处理工艺、组织及其应用见表 1-1。

3. 铸钢和铸铁

铸钢主要用于制造形状复杂、需要一定强度、塑性和韧性的零部件。

铸铁是碳质量分数大于 2.11%铁碳合金。铸铁中石墨形态、基体组织对铸铁的性能有很大的影响。灰口铸铁分为灰铸铁、可锻铸铁、球墨铸铁、蠕墨铸铁几类。可通过加入合金元素和热处理来改善其性能。

4. 铝合金、铜合金

铝合金、铜合金有特殊的力学性能和理化性能。

常用铝合金有:5A05(LF5)、2A11(LY11)、7A04(LC4)、ZL102 等。

常用铜合金有:H80、H62、QSn6.5-0.1、QAl9-4、QBe2 等。

锡基轴承合金:ZSnSb11Cu6(ZChSnSb11-6)。

本章是工程材料课程的重点章。着重掌握各类合金钢的牌号、成分特点、热处理工艺、组织、性能以及它们的应用。

熟悉铸铁、铝合金、铜合金的牌号、成分、热处理工艺、组织及其应用。

一般了解其他有色金属性能的特点和应用。

表 1-1　合金钢的牌号、热处理工艺、组织及其应用

钢种	碳质量分数/%	主要合金元素及其作用							热处理工艺特点	使用状态的组织	性能特点及应用举例
		细化晶粒	提高淬透性	固溶强化	提高回火稳定性	二次硬化	防止回火脆性	其他			
低合金结构钢 Q345(16Mn)、Q420(15MnVN)	<0.20	V、Nb、Ti	—	Mn	—	—	—	V、Nb 的碳氮化物析出强化	热轧空冷或正火	P＋F 或 S＋F	高强韧性、良好的成形性与焊接性 船舶、车辆、桥梁等
调质钢 40Cr、40MnB、38CrSi、40CrNiMo	0.35~0.50	—	Cr、Ni、Si、B、Mn	—	—	—	Mo	—	1) 调质处理：淬火＋高温回火（500～650℃） 2) 调质＋表面淬火＋低温回火	S回 心部 S回 表面 M回	具有良好的综合力学性能、连杆、螺栓 整体强韧、轴、齿轮
渗碳钢 20Cr、20MnVB、20CrMnTi、18Cr2Ni4WA	<0.25	V、Ti、W、Mo	Cr、Mn、Ni、B	—	—	—	—	—	渗碳后淬火＋低温回火	表面：M回＋Ar（少量）＋合金渗碳体；心部：M回 或 M回＋F＋T回	表面硬、中心强韧的齿轮、轴类、活塞销等
弹簧钢 65Mn、50CrV、60Si2Mn	0.50~0.70	V、W、Cr	Mn、Si	—	—	—	—	Si、Mn 提高屈强比 Cr 还可防止脱碳	淬火＋中温回火（450～550℃）最后可喷丸提高疲劳寿命	T回	高的比例极限、较高的疲劳抗力，足够的塑性及韧性，可制作各种弹簧
轴承钢 GCr4、GCr15、GCr15SiMn	0.95~1.10	—	Cr、Mn、Si、Mo	—	—	—	—	Cr 提高耐磨和接触疲劳性能	球化退火后，淬火＋低温回火（150～160℃）	M回＋细小碳化物＋Ar（少量）	高硬度、高耐磨性、高疲劳强度 制作轴承内外圈套，滚珠、滚柱及工具等

续表

钢　种	碳质量分数/%	主要合金元素及其作用							热处理工艺特点	使用状态的组织	性能特点及应用举例
		细化晶粒	提高淬透性	固溶强化	提高回火稳定性	二次硬化	防止回火脆性	其他			
低合金刃具钢 9SiCr	0.9		Si、Cr		Si		—		球化退火后淬火+低温回火	$M_{回}$+碳化物+A_r	高硬度、高耐磨性，丝锥、板牙、量块
高速钢 W18Cr4V	>0.7	V	Cr	—	—	W、Mo（保证热硬性）	—	V提高耐磨性	球化退火后，1220～1280℃加热淬火，三次回火（560℃）	$M_{回}$+碳化物（少量）+A_r	很高的热硬性、高硬度和耐磨性，制作各种刀具
不锈钢 12Cr13～40Cr13（1Cr13～4Cr13）	微碳、低碳	—	—	—	—	—	—	Cr钝化	淬火+回火	$M_{回}$、$S_{回}$	制造各种耐腐蚀介质中工作的零件和结构，如汽轮叶片、医疗器械、耐酸容器、食品设备等
10Cr17Mo（1Cr17Mo）		—	—	—	—	—	—	Ti、Nb消除晶界腐蚀	750～800℃空冷	F	
06Cr18Ni11Ti（0Cr18Ni10Ti）		—	—	—	—	—	—	Ni扩大A区	固溶处理稳定化处理	A	
模具钢 冷模具钢 Cr12MoV	>1.0	—	—	—	—	—	—	—	淬火+低温回火	$M_{回}$+碳化物（少量）+A_r	高硬度和耐磨性，冷冲模、冷挤压模
热模具钢 5CrMnMo、3Cr2Mo	0.3～0.60	—	Cr、Ni、Mn	—	Cr、Ni	W、Mo、V	—	—	淬火+回火（500～600℃）	$T_{回}$ 或 $S_{回}$	高的热硬性、高的热稳定性、高的热疲劳性，制造热挤压模、热锻模、铸模等

3.2　习　　题

1. 解释名词

热硬性、石墨化、孕育（变质）处理、球化处理、石墨化退火、固溶处理、时效

2. 填空题

(1) 20 是（　　）钢，可制造（　　）。

(2) T12 是（　　）钢，可制造（　　）。

(3) 按钢中合金元素含量，可将合金钢分为（　　），（　　）和（　　）几类。

(4) Q345(16Mn) 是（　　）钢，可制造（　　）。

(5) 20CrMnTi 是（　　）钢，Cr,Mn 的主要作用是（　　），Ti 的主要作用是（　　），热处理工艺是（　　）。

(6) 40Cr 是（　　）钢，可制造（　　）。

(7) 60Si2Mn 是（　　）钢，可制造（　　）。

(8) GCr15 是（　　）钢，可制造（　　）。

(9) 9SiCr 是（　　）钢，可制造（　　）。

(10) CrWMn 是（　　）钢，可制造（　　）。

(11) Cr12MoV 是（　　）钢，可制造（　　）等。

(12) 5CrMnMo 是（　　）钢，可制造（　　）。

(13) W18Cr4V 是（　　）钢，碳质量分数是（　　），W 的主要作用是（　　）、Cr 的主要作用是（　　），V 的主要作用是（　　）。热处理工艺是（　　），最后组织是（　　）。

(14) 12Cr13(1Cr13) 是（　　）钢，可制造（　　）。

(15) 06Cr18Ni11Ti(0Cr18Ni10Ti) 是（　　）钢，Cr 的主要作用是（　　），Ni 的主要作用是（　　），Ti 的主要作用是（　　）。

(16) 灰铸铁中碳主要以（　　）的形式存在，可用来制造（　　）。

(17) 球墨铸铁中石墨的形态为（　　），可用来制造（　　）。

(18) 蠕墨铸铁中石墨的形态为（　　），可用来制造（　　）。

(19) 影响石墨化的主要因素是（　　）和（　　）。

(20) 球墨铸铁的强度、塑性和韧性均较普通灰铸铁高，这是因为（　　）。

(21) HT200 牌号中“HT”表示（　　），数字“200”表示（　　）。

(22) 生产球墨铸铁选用（　　）作为球化剂。

3. 是非题

(1) T8 钢比 T12 钢和 40 钢有更好的淬透性和淬硬性。　　　　　　　　　（　　）

(2) 调质钢的合金化主要是考虑提高其热硬性。　　　　　　　　　　　　（　　）

(3) 高速钢需要反复锻造是因为硬度高不易成形。　　　　　　　　　　　（　　）

(4) T8 钢与 20MnVB 相比，淬硬性和淬透性都较低。　　　　　　　　　　（　　）

(5) W18Cr4V 高速钢采用很高温度淬火，其目的是使碳化物尽可能多地溶入奥氏体

中,从而提高钢的热硬性。   (   )

(6) 奥氏体型不锈钢只能采用加工硬化提高强度。   (   )

(7) 奥氏体型不锈钢的热处理工艺是淬火后低温回火处理。   (   )

(8) 铸铁可以经过热处理改变基体组织和石墨形态。   (   )

(9) 可锻铸铁在高温时可以进行锻造加工。   (   )

(10) 石墨化的第三阶段不易进行。   (   )

(11) 可以通过球化退火使普通灰铸铁变成球墨铸铁。   (   )

(12) 球墨铸铁可通过调质处理和等温淬火工艺提高其力学性能。   (   )

4. 综合分析题

(1) 说出 Q235A、15、45、65、T8、T12 等钢的钢类、碳质量分数,各举出一个应用实例。

(2) 为什么低合金高强度结构钢用锰作为主要的合金元素?

(3) 试述渗碳钢和调质钢的合金化及热处理特点。

(4) 有两种高强螺栓,一种直径为 10 mm,另一种直径为 30 mm,都要求有较高的综合力学性能: $\sigma_b \geqslant 800$ MPa, $a_k \geqslant 600$ kJ/m^2。试问应选择什么材料及热处理工艺?

(5) 为什么合金弹簧钢以硅为重要的合金元素? 为什么要进行中温回火?

(6) 轴承钢为什么要用铬钢? 为什么对非金属夹杂限制特别严格?

(7) 简述高速钢的成分、热处理和性能特点,并分析合金元素的作用。

(8) W18Cr4V 钢的 A_{c1} 约为 820℃,若以一般工具钢 A_{c1} +(30~50)℃的常规方法来确定其淬火加热温度,最终热处理后能否达到高速切削刀具所要求的性能? 为什么? 其实际淬火温度是多少?

(9) 奥氏体型不锈钢的固溶处理与稳定化处理的目的各是什么?

(10) 试分析 20CrMnTi 钢和 06Cr18Ni11Ti(0Cr18Ni10Ti)钢中 Ti 的作用。

(11) 试分析合金元素 Cr 分别在 40Cr、GCr15、CrWMn、20Cr13(2Cr13)、06Cr18Ni11Ti(0Cr18Ni10Ti)、42Cr9Si2(4Cr9Si2)等钢中的作用。

(12) 试就下列四个钢号:20CrMnTi、65、T8、40Cr 讨论如下问题:

    ① 在加热温度相同的情况下,比较其淬透性和淬硬性,并说明理由;

    ② 各种钢的用途、热处理工艺、最终的组织。

(13) 试画出经正常淬火后的 W18Cr14V 钢在回火时的回火温度与硬度的关系曲线。

(14) 要使球墨铸铁的基体组织为铁素体、珠光体或下贝氏体,工艺上应如何控制?

(15) 有一灰铸铁铸件,经检查发现石墨化不完全,尚有渗碳体存在,试分析其原因,并提出使这一铸件完全石墨化的方法。

(16) 试述石墨形态对铸铁性能的影响。

(17) 试比较各类铸铁之间性能的优劣顺序,与钢相比较铸铁性能有什么优缺点?

(18) 为什么一般机器的支架、机床的床身常用灰铸铁制造?

(19) 铝硅合金为什么要进行变质处理?

(20) 指出下列铜合金的类别、用途:

    H80、H62、HPb60-2、HNi65-5、QSn6.5-0.1、QBe2。

(21) 钛合金有哪些性能特点? 举例说明它们的用途。

4 高分子材料

4.1 内容提要

本章介绍三种常用的高分子材料：工程塑料、合成纤维、橡胶。

工程塑料是一种以有机合成树脂为主要组成的高分子材料。塑料的组成除合成树脂外，还加入填料、固化剂和稳定剂等添加剂。塑料品种繁多，可按树脂的性质和使用范围进行分类。常用工程塑料包括热塑性塑料和热固性塑料。分别介绍了这些常用工程塑料的结构特征、性能特点及其应用领域和制品等。

合成纤维是以石油、天然气等为原料，经提炼合成的高分子化合物，再经纺丝制得的纤维。介绍了合成纤维的生产方法、六种常用合成纤维的主要特性和用途。

橡胶是一种具有极高弹性的高分子材料。介绍了橡胶制品的组成，六种常用合成橡胶的结构、性能特点和用途。

本章的重点内容是常用工程塑料的特性和应用，掌握常用工程塑料的性能特点及其应用领域和制品。了解常用合成纤维的主要特性和用途、常用合成橡胶的特性和用途。

学习本章时应注意联系工作、生活中接触到的高分子材料制品，分析其属于何种高分子材料，为什么用这种材料来制造该制品，以进一步了解不同高分子材料的特性及其用途。

4.2 习题

1. 解释名词

热塑性塑料，热固性塑料，合成纤维

2. 填空题

(1) 高分子材料主要包括（   ）、（   ）和（   ）。

(2) 塑料按树脂的性质分类可分为（   ）和（   ）；按使用范围可分为（   ）、（   ）和（   ）。

(3) 一般塑料的工作温度只有（   ），而耐热塑料最高工作温度可达（   ）。

(4) 常用热塑性塑料是（   ）、（   ）、（   ）、（   ）、（   ）、（   ）等。

(5) 常用热固性塑料是（   ）和（   ）。

(6) 聚丙烯具有优良的耐蚀性，可用于制作（   ）等。

(7) 聚苯乙烯泡沫塑料的密度只有（   ），是隔声、包装、打捞和救生的极好材料。

(8) ABS 塑料是三元共聚物，具有（   ）的特性，综合力学性能良好。

(9) 聚四氟乙烯的突出优点是（   ）。

(10) 酚醛塑料主要用于( )等。

(11) 环氧塑料主要用于( )等。

(12) 常用合成纤维有( )、( )、( )、( )、( )和( )。

(13) 涤纶的性能特点是( )。

(14) 通用合成橡胶有( )、( )和( )。

(15) 丁腈橡胶以耐油性著称,可用于制作( )等耐油制品。

3. 选择正确答案

(1) 聚氯乙烯是一种: ( )

    a. 热固性塑料,可制作化工用排污管道

    b. 热塑性塑料,可制作导线外皮等绝缘材料

    c. 合成橡胶,可制作轮胎

    d. 热固性塑料,可制作雨衣、台布等

(2) PE 是: ( )

    a. 聚乙烯   b. 聚丙烯   c. 聚氯乙烯   d. 聚苯乙烯

(3) PVC 是: ( )

    a. 聚乙烯   b. 聚丙烯   c. 聚氯乙烯   d. 聚苯乙烯

(4) 高压聚乙烯可用于制作: ( )

    a. 齿轮   b. 轴承   c. 板材   d. 塑料薄膜

(5) 下列塑料中质量最轻的是: ( )

    a. 聚乙烯   b. 聚丙烯   c. 聚氯乙烯   d. 聚苯乙烯

(6) 有机玻璃与无机玻璃相比,透光度: ( )

    a. 较低   b. 较高   c. 相同   d. 难以比较

(7) 锦纶是一种合成纤维,其性能特点是: ( )

    a. 强度高、弹性好,但耐磨性差   b. 强度高、耐磨性好,但耐蚀性差

    c. 强度高、耐磨性好,耐蚀性好   d. 耐磨性好,耐蚀性好,但强度低

(8) 橡胶的弹性极高,其弹性变形度可达: ( )

    a. 30%   b. 50%

    c. 100%   d. 100%~1000%

4. 综合分析题

(1) 塑料的主要成分是什么? 它们各起什么作用?

(2) 简介聚酰胺、聚甲醛和聚碳酸酯的性能特点和应用实例。

(3) 为什么 ABS 塑料种类繁多且综合力学性能良好?

(4) 试比较热塑性塑料和热固性塑料的性能特点和应用。

5 陶瓷材料

5.1 内容提要

陶瓷材料是各种无机非金属材料的通称。通常分为玻璃、玻璃陶瓷和工程陶瓷三大类。工程陶瓷又分为普通陶瓷和特种陶瓷两大类。工程陶瓷的生产过程是原料制备、坯料成形和制品烧成或烧结。特种陶瓷的化学组成已由单一的氧化物陶瓷发展到了氮化物、硅化物等多种陶瓷，品种也由传统的烧结体发展到了单晶、薄膜、纤维等。陶瓷材料不仅可做结构材料，而且是性能优异的功能材料。

普通陶瓷的组分构成原料为黏土（$Al_2O_3 \cdot 2SiO_2 \cdot 2H_2O$）、石英（$SiO_2$）和长石（$K_2O \cdot Al_2O_3 \cdot 6SiO_2$）。其特点是坚硬而脆性较大，绝缘性和耐蚀性极好，制造工艺简单，成本低廉，在各种陶瓷中用量最大。其中，普通日用陶瓷做日用器皿和瓷器，良好的光泽度、透明度，热稳定性和机械强度较高。普通工业陶瓷有炻器和精陶，按用途分为建筑卫生瓷（装饰板、卫生间装置及器具等）、电工瓷（电器绝缘用瓷，也叫高压陶瓷）、化学化工瓷（化工、制药、食品等工业及实验室中的管道设备、耐蚀容器及实验器皿等）。

特种陶瓷也叫现代陶瓷、精细陶瓷或高性能陶瓷，如压电陶瓷、磁性陶瓷、电容器陶瓷、高温陶瓷等。工程上最重要的是高温陶瓷，包括氧化物陶瓷、硼化物陶瓷、氮化物陶瓷和碳化物陶瓷。

氧化物陶瓷熔点大多 2000℃ 以上，烧成温度约 1800℃；单相多晶体结构，有时有少量气相；强度随温度的升高而降低，在 1000℃ 以下时一直保持较高强度，随温度变化不大；纯氧化物陶瓷任何高温下都不会氧化；主要种类有：氧化铝（刚玉）、氧化铍、氧化锆等。

碳化物陶瓷（碳化硅）具有很高的熔点、硬度（近于金刚石）和耐磨性（特别是在侵蚀性介质中），缺点是耐高温氧化能力差（约 900～1000℃）、脆性较大。

硼化物陶瓷包括硼化铬、硼化钼、硼化钛、硼化钨和硼化锆等，具有高硬度，较好的耐化学侵蚀能力，熔点 1800～2500℃，使用温度 1400℃，用于高温轴承、内燃机喷嘴、各种高温器件、处理熔融非铁金属的器件等，还用做电触点材料。

氮化物陶瓷中的氮化硅陶瓷是键能高而稳定的共价键晶体，硬度高而摩擦因数低，有自润滑作用，是优良的耐磨减摩材料；氮化硅的耐热温度比氧化铝低，而抗氧化温度高于碳化物和硼化物，1200℃ 以下具有较高的力学性能和化学稳定性，且热膨胀系数小、抗热冲击，可作优良的高温结构材料，耐各种无机酸（氢氟酸除外）和碱溶液侵蚀，优良的耐腐蚀材料。

本章的要求是熟悉特种陶瓷的性能特点和应用。对其他陶瓷材料作一般了解。

5.2　习　　题

1. 解释名词

工程陶瓷、特种陶瓷、金属陶瓷、烧成、烧结

2. 填空题

(1) 陶瓷材料分(　　)、(　　)和(　　)三类。

(2) 陶瓷材料的一般生产过程包括(　　)、(　　)和(　　)。

(3) 陶瓷材料的主要结合键是(　　)和(　　)。

(4) 氧化物陶瓷熔点大多在(　　)℃以上,烧成温度约(　　)℃。

(5) 氧化锆增韧陶瓷可替代金属制造(　　)、(　　)、(　　)等。

(6) 碳化硅陶瓷可制作(　　)、(　　)及(　　)等。

3. 是非题

(1) 陶瓷的塑性很差,但强度都很高。　　　　　　　　　　　　　　　　　　　　(　　)

(2) 纯氧化物陶瓷在高温下会氧化。　　　　　　　　　　　　　　　　　　　　　(　　)

(3) 由于氧化铍陶瓷的导热性好,所以用于真空陶瓷、原子反应堆陶瓷,并用于制造
坩埚。　　　　　　　　　　　　　　　　　　　　　　　　　　　　　　　　(　　)

(4) 增韧氧化锆陶瓷材料可制作剪刀,既不生锈,也不导电。　　　　　　　　　　(　　)

(5) 碳化物陶瓷不仅可用于 2000℃以上的中性或还原气氛中的高温材料,可用作氧化
气氛下的耐高温材料。　　　　　　　　　　　　　　　　　　　　　　　　　(　　)

(6) 硼化物陶瓷比碳化物陶瓷的抗高温氧化能力强,可用于制造高温轴承等高温零件
和器件。　　　　　　　　　　　　　　　　　　　　　　　　　　　　　　　(　　)

(7) 氮化硅陶瓷是优良的耐磨减摩材料、高温结构材料和耐腐蚀材料,但其抗氧化温度
低于碳化物和硼化物。　　　　　　　　　　　　　　　　　　　　　　　　　(　　)

4. 综合分析题

(1) 陶瓷的主要优点有哪些? 说明原因。

(2) 影响陶瓷使用的主要缺点是什么? 如何改进?

(3) 普通日用陶瓷和工业陶瓷都有哪些? 两者对性能的要求是什么?

(4) 特种陶瓷的主要种类有哪些?

(5) 特种陶瓷有哪些最新发展?

6 复合材料

6.1 内容提要

复合材料是由金属材料、高分子材料和陶瓷材料中任两种或几种物理、化学性质不同的物质,经一定方法得到的一种新的多相固体材料。复合材料改善或克服了组成材料弱点,使其能按零件结构和受力情况,并按预定的、合理的配套性能进行最佳设计,可创造单一材料不具备的双重或多重功能,或在不同时间或条件下发挥不同的功能。复合材料一般由基体相和增强相组成。基体分金属和非金属两大类;增强相是具有强结合键材料或硬质材料(陶瓷、玻璃等),可以是纤维、颗粒、晶须等。

高分子基复合材料的纤维增强相可有效阻止基体分子链的运动;金属基复合材料的纤维增强相可有效阻止位错运动而强化基体。

纤维增强复合材料的复合原则是:

(1) 纤维增强相是主要承载体,应有高的强度和模量,且高于基体材料;

(2) 基体相起粘结剂作用,应对纤维相有润湿性,基体相应有一定塑性和韧性;

(3) 两者结合强度应适当高;

(4) 基体与增强相的热膨胀系数不能相差过大;

(5) 纤维相必须有合理的含量、尺寸和分布;

(6) 两者间不能发生有害的化学反应。

在颗粒复合材料中基体承受载荷,颗粒阻碍分子链或位错的运动,其复合原则是:

(1) 颗粒相应高度均匀地弥散分布在基体中;

(2) 颗粒大小应适当;

(3) 颗粒的体积分数应在 20% 以上以达到最佳强化效果;

(4) 颗粒与基体之间应有一定的结合强度。

复合材料比组成材料的性能更优越:高比强度和比模量;很好的抗疲劳和抗断裂性能;在高温下保持很高的强度,具有优越的耐高温性能;并有良好的减摩、耐磨性和较强的减振能力;金属基复合材料具有高韧性和抗热冲击性能;玻璃纤维增强塑料具有优良的电绝缘性,不受电磁作用,不反射无线电波;有些复合材料具有耐辐射性、蠕变性能高以及特殊的光、电、磁等性能。聚合物复合材料如玻璃钢、陶瓷复合材料如纤维增韧陶瓷、碳/碳复合材料、金属基复合材料如金属陶瓷等在汽车工业、航空航天等领域具有广泛的应用。

本章要求了解复合材料的复合机制和复合原则。熟悉常用复合材料的性能,了解其应用。

6.2　习　　题

1. 解释名词

纤维复合材料,玻璃钢,增韧陶瓷,硬质合金

2. 填空题

(1) 复合材料是由(　　)相和(　　)相构成,(　　)相的(　　)、(　　)、(　　)及(　　)等对复合材料的性能有重要影响。

(2) 结构复合材料是用于(　　)的复合材料,最常用的是(　　)。

(3) 常用的纤维增强相有(　　)、(　　)、(　　)、(　　)和(　　)。

(4) 纤维增强相是复合材料中的(　　),因此其(　　)和(　　)要高于基体材料。

(5) 颗粒复合材料中基体相和颗粒相的作用分别是(　　)和(　　)。

(6) 除了保留了组成材料的优点外,复合材料的突出特点是(　　)和(　　)高。

(7) 非金属基复合材料分为(　　)基、(　　)基、(　　)基和(　　)基复合材料。

(8) 玻璃钢是(　　)和(　　)的复合材料,分为(　　)和(　　)两大类。

(9) 碳基复合材料的增强相主要是(　　),该类材料除具有碳和石墨的特点外,还有优越的(　　)性能,是很好的(　　),耐温高达(　　)℃。

3. 综合分析题

(1) 纤维增强和细粒复合材料的复合机制有何不同?通常情况下,纤维和细粒的增强效果哪个更好?为什么?

(2) 为什么复合材料具有很好的抗疲劳性能?

(3) 纤维复合材料抗断裂性能好的原因是什么?

(4) 生产实际中如何改善玻璃钢的性能?

(5) 碳基复合材料都有哪些特殊的应用?

(6) 硬质合金有何特点?指出硬质合金 P20(YT15)、K20 的基本组成和用途。

7 功能材料及新材料

7.1 内 容 提 要

  功能材料是具有某种或某些特殊物理性能或功能的材料。按性能通常分为电功能材料、磁功能材料、热功能材料、光功能材料、智能功能材料等。

  功能材料的发展过程是：最早的功能材料是铜、铝导线及硅钢片等；电力技术工业发展推动了电工合金、磁与电金属功能材料的出现和发展；20 世纪 50 年代微电子技术推动半导体功能材料发展；60 年代激光技术推动光功能材料发展；70 年代后陆续出现了光电子材料、形状记忆合金、储能材料等；90 年代起智能功能材料、纳米功能材料等发展迅速。

  功能材料在生产实际和生活日用品中有许多应用，发挥了重要作用。

  本章要求了解各种功能材料及其基本应用。

7.2 习 题

1. 解释名词

超导、硬磁材料、形状记忆效应、纳米材料

2. 综合分析题

(1) 什么是功能材料？按性能通常分为哪几类？

(2) 磁功能材料分为哪几类？各有何应用？

(3) 光功能材料分为哪几类？各有何应用？

(4) 简述碳纳米材料的应用前景。

8 零件失效分析与选材原则

8.1 内容提要

学习有关材料科学的知识和各种工程材料的基本知识之后,本章开始转到运用这些知识解决实际问题。零件由于某种原因,导致其尺寸、形状或材料的组织与性能的变化而不能圆满地完成指定的功能而造成失效。本章首先按照失效模式与失效机理对其分类,然后较为详细地介绍了各种失效形式,包括畸变失效、断裂失效、磨损失效及腐蚀失效。对于正确选材提出三个原则,即使用性能原则、工艺性能原则及经济性原则。必须使选用的材料保证零件在使用过程中具有良好的工作能力,保证零件便于加工制造,同时保证零件的总成本尽可能低。根据上述原则,依据不同的失效形式,对于特定的机械零件,在进行了比较深入的选材分析后,确定材料及加工工艺。

本章要求了解各种失效形式(畸变、断裂、磨损及腐蚀)特点。掌握机械零件选材原则(使用性能原则、工艺性能原则及经济性原则)。

8.2 习 题

1. 解释名词

磨粒(料)磨损、表面疲劳磨损、晶间腐蚀、疲劳断裂失效、蠕变失效、应力腐蚀失效

2. 填空题

(1) 韧性断裂的宏观特征为( ),微观特征有( )以及( )。

(2) 脆性断口的宏观特征为( ),且( ),微观特征是( )和( )。

(3) 两个金属表面的( )在局部高压下产生局部( ),使材料( )或( ),这一现象称为粘着磨损。

(4) 配合表面之间在( )过程中,因( )或( )的作用造成表面损伤的磨损称为磨粒(料)磨损。

(5) 腐蚀失效包括( )、( )、( )等几种。

(6) 机械零件选材的最基本原则有( )、( )、( )。

(7) 机械零件的使用性能指零件在使用状态下材料应该具有的( )、( )和( )。

(8) 零件选材的工艺性能原则是指材料的( )应满足( )的要求。

(9) 性能要求较高的金属零件加工的工艺路线是:( )→( )→( )→( )→( )→( )。

3. 综合分析题

(1) 机械零件正确选材的基本原则是什么?

（2）腐蚀失效有哪些基本类型？

（3）脆性断口的特征有哪些？

（4）图 1-6 为 W18Cr4V 钢制螺母冲头，材料和热处理都无问题，但使用中从 A 处断裂。请分析原因，并提出改进意见。

（5）一从动齿轮，用 20CrMnTi 钢制造，使用一段时间后轮齿严重磨损，如图 1-7 所示。从齿轮 A、B、C 三点取样进行化学成分、显微组织和硬度分析，结果如下：

A 点　碳质量分数为 1.0%，组织为 S＋碳化物，硬度为 30 HRC；

B 点　碳质量分数为 0.8%，组织为 S，硬度为 26 HRC；

C 点　碳质量分数为 0.2%，组织为 F＋S，硬度为 86 HRB。

据查，该批齿轮的制造工艺是：锻造→正火→机加工→渗碳→预冷淬火→低温回火→磨加工。并且与该齿轮同批加工的其他齿轮没有这种情况。试分析该齿轮失效的原因。

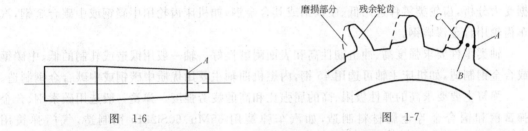

图　1-6　　　　　　　　　　　　图　1-7

（6）一尺寸为 $\phi30\,mm\times250\,mm$ 的轴，用 30 钢制造，经高频表面淬火（水冷）和低温回火，要求摩擦部分表面硬度达 50～55HRC，但使用过程中摩擦部分严重磨损。试分析失效原因，并提出解决问题的办法。

（7）某工厂用 T10 钢制造钻头，给一批铸铁件打 $\phi10\,mm$ 的深孔，但打几个孔后钻头即很快磨损。据检验，钻头的材质、热处理、金相组织和硬度都合格。分析失效的原因，提出解决问题的方案。

（8）图 1-8 是一根汽车螺栓断裂后的断口形貌扫描电子显微镜照片，它是什么形式的断裂？分析造成这种形式断裂的可能原因，并提出改进意见。

（9）图 1-9 是一块汽车板簧断裂后的断口形貌照片，它是什么形式的断裂？分析造成这种形式断裂的可能原因，并提出改进意见。

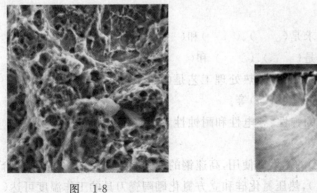

图　1-8

图　1-9

9 典型工件的选材及工艺路线设计

9.1 内容提要

本章主要介绍工业上应用最广泛的四大类典型工件齿轮、轴类零件、弹簧和刀具的工作条件、失效形式、性能要求及选材分析,并结合选材实例说明了典型工件的工艺路线。

齿轮主要要求疲劳强度高,特别是弯曲疲劳强度和接触疲劳强度高,表面耐磨性好。根据受力分析,齿轮类零件选用低、中碳钢或其合金钢,如机床齿轮用中碳钢或中碳合金钢,汽车齿轮用合金渗碳钢。

轴类零件要求强度高、冲击韧性高和表面耐磨性好。轴一般用锻造或轧制的低、中碳钢或合金钢制造,如机床主轴可选用 45 钢,内燃机曲轴主要用优质中碳钢或中碳合金钢制造。

弹簧主要要求高的弹性极限、高的屈强比和高的疲劳强度。弹簧一般选用碳素钢、合金弹簧钢和铜合金等金属材料制造,如汽车弹簧用 65Mn、60Si2Mn 钢制造,气门弹簧用 50CrMn、55SiMnMoV 等钢制造。

刀具主要要求硬度高、耐磨性和热硬性好。可根据不同的使用条件选用碳素工具钢、低合金刀具钢、高速钢、硬质合金和陶瓷等,如手动刀具可用 T8、T10 等碳素工具钢,低速切削刀具可用低合金刀具钢 9SiCr、CrWMn 制造,高速切削刀具需选用高速钢 W18Cr4V、W6Mo5Cr4V2 制造等。

本章是课程的重点章。要求掌握齿轮(机床和汽车齿轮)、轴类零件、刀具的选材,进行工艺路线分析。熟悉弹簧的选材。

9.2 习　　题

1. 填空题

(1) 对齿轮材料的性能要求是(　　)、(　　)和(　　)。

(2) 齿轮材料的用材主要是(　　)、(　　)和(　　)。

(3) 车床主轴常用(　　)钢制造,其热处理工艺是(　　)。

(4) 汽车板簧常选用的钢材是(　　)等。

(5) 继电器簧片要求有好的弹性、导电性和耐蚀性,可用(　　)等制造。

(6) 制造刀具的材料有(　　)。

(7) 低速刀具钢可在(　　)的温度下使用,高速钢的切削温度可达(　　),硬质合金刀具的使用温度可达(　　),热压氮化硅和立方氮化硼陶瓷刀具的工作温度可达(　　)。

(8) 手用钢锯锯条用(　　)钢制造,其热处理工艺是(　　)。

(9) 牛头刨床刨刀用(　　)钢制造,其热处理工艺是(　　)。

(10) 农用地膜采用（　　　）制造，其主要优点是（　　　）。

(11) 磨车刀、刨刀刃口用的砂轮采用（　　　）制造。

(12) 空气开关壳体采用（　　　）制造，其主要原因是（　　　）。

2. 综合分析题

(1) 机床变速箱齿轮常用中碳钢或中碳合金钢制造，它的工艺路线为：

　下料→锻造→正火→粗加工→调质→精加工→轮齿高频淬火及低温回火→精磨

试分析正火处理、调质处理和高频淬火及低温回火的目的。

(2) 试说明用塑料作机床齿轮材料的特点。

(3) 用 20CrMnTi 钢制造汽车齿轮，加工工艺路线为

　　　下料→锻造→正火→切削加工→渗碳、淬火及低温回火→喷丸→磨削加工

试分析渗碳、淬火及低温回火处理及喷丸处理的目的。

(4) 高精度磨床主轴，要求变形小，表面硬度高（显微硬度＞900 HV），心部强度高，并有一定的韧性。问应选用什么材料，采用什么工艺路线？

(5) 导弹发展早期，用高强度钢板焊接制造火箭发动机壳体，在地面做打压试验时，多次发生爆裂事故（快速脆断）。壳体工作应力 $\sigma_t = 1300$ MN/m^2，探伤测得壳体中最大裂纹的半长 $a = 1$ mm（全长为 2 mm）。已知裂纹的形状因子 $Y = 1.4$。现有两种高强钢 A、B，它们的屈服强度和断裂韧性为：

A 钢：$\sigma_s = 2000$ MPa，$K_{IC} = 47$ MPa·m$^{1/2}$；

B 钢：$\sigma_s = 1600$ MPa，$K_{IC} = 75$ MPa·m$^{1/2}$。

问选用哪种钢能保证火箭发动机壳体工作安全？试用计算证明。

10 工程材料的应用

10.1 内 容 提 要

本章主要介绍工程材料在汽车、机床、仪器仪表、热能设备、化工设备和航空航天器等工程领域典型设备、装置上的应用情况。

汽车用材以金属材料为主,塑料、橡胶、陶瓷等非金属材料也占一定的比例。介绍了汽车缸体和缸盖、缸套、活塞组、连杆、气门、半轴等典型零件的工况、性能要求及其用材。对塑料、橡胶和陶瓷在汽车上的应用也作了介绍。

机床的零部件很多,主要介绍了机身和底座、齿轮、轴类、连接件、传动件、轴承等零件的用材情况。

仪器仪表的壳体、轴类、凸轮、齿轮、蜗轮和蜗杆等用材的情况。

热能设备种类很多,主要介绍了锅炉和汽轮机主要零件的用材情况,包括锅炉管道、锅炉汽包、汽轮机叶片、汽轮机转子和静子等。

在化工设备用材部分,介绍了合金钢、有色金属及其合金和非金属材料在各种化工设备零部件上的应用。

本章还介绍了中碳调质钢、高合金耐热钢、高温合金、镍基耐蚀合金、铝合金、镁合金和钛合金等在航空航天器上的应用情况。

通过本章的学习应了解到工程材料在各工业部门等都有十分广泛的应用。建议在学习本章时,结合专业选取一种典型设备,对其各种零部件进行用材的分析。进一步熟悉工件选材的方法,为选材和用材打下坚实的基础。

10.2 习 题

1. 填空题

(1) 汽车用材以( )为主,( )、( )和( )等非金属材料也占有一定的比例。

(2) 汽车发动机缸体用材一般为( ),也可以用( )。

(3) 汽车发动机缸套用材主要是( ),常需对缸套表面进行处理,常用的表面处理方法是( )。

(4) 常用活塞材料是( ),并需对该材料进行( )处理。

(5) 活塞销材料一般用( ),其表面需进行( )处理。

(6) 对活塞环进行表面处理的方法有( )。

(7) 连杆材料一般采用( )。

（8）汽车半轴材料一般为（   ）。

（9）化工压力容器常用钢种有（   ）、（   ）和（   ）等。

（10）工作温度在 -269~ -20℃ 之间的工程结构用（   ）钢制造，工作温度高于 450℃ 的工程结构则推荐使用（   ）钢，工作温度高于 800℃ 则常用（   ）合金。

（11）在化工行业里应用最广泛的纤维复合材料是（   ），以其制备的压力容器的工作压力最大可达 20 MPa，正常工作温度为 ±50℃，没有低温脆化现象，瞬间使用温度可达 150℃。

（12）钛合金具有极高的（   ）和良好的（   ）及（   ），是航空航天器的重要材料。

2. 综合分析题

（1）试根据活塞、活塞销和活塞环的工况，分析对其用材的性能要求及目前的用材情况。

（2）气门一般选用何种材料，为什么？

（3）试说明工程塑料聚丙烯、聚苯乙烯、ABS、聚酰胺（尼龙）在汽车中的应用情况。

（4）举例说明陶瓷在汽车中的应用。

（5）机床床身可以用哪些材料制造？各有哪些优缺点？

（6）机床变速箱齿轮用哪些材料制造？

（7）机床滑动轴承常用哪些材料制造？

（8）汽轮机叶片一般选用何种材料？为什么？

（9）如何根据化工设备对耐蚀性能的不同要求，合理地选用不锈钢材料？

（10）举例说明钛合金和复合材料在航空航天器中的应用。

第 **2** 篇

课堂讨论指导书

1. 课堂讨论目的

(1) 课堂讨论是教学活动中的一个重要环节,通过对讲课中的一些重点和难点的讨论,掌握本课程的重点、基本概念和基本知识。

(2) 通过对课堂讨论题的分析、讨论和综合,培养和锻炼学生分析问题和解决问题的能力。

(3) 通过课堂讨论,消化和巩固大课讲授的理论知识,并进一步总结和提高。

2. 课堂讨论要求

(1) 讨论课前,学生要认真预习课堂讨论指导书,明确本次课堂讨论的目的、任务,复习有关课程内容,对所列讨论题作出详细发言提纲,教师课前要进行检查。

(2) 讨论时要求学生自由发言,互相启发,互相补充,也可由教师指定某个同学作主要发言,然后大家补充。

(3) 讨论时可按讨论题顺序进行,学生也可自己提出一些问题进行讨论,最后由教师或学生进行总结。

(4) 课后,每个同学对发言提纲进行补充和修改,作为一次作业交教师审阅。

课堂讨论1 铁碳相图

1. 讨论目的

(1)熟悉铁碳相图,明确相图中各重要点、线的意义,各相区存在的相,以及各相的本质。

(2)综合运用二元相图的基本知识,对典型铁碳合金的结晶过程进行分析,进一步掌握相图分析方法,弄清相和组织的概念,灵活运用杠杆定律求出组成相或组织组成物的质量分数。

(3)弄清各种典型铁碳合金的室温平衡组织的特征,掌握铁碳合金成分、组织、性能三者之间的关系。

(4)了解铁碳相图的工程应用。

2. 讨论题

(1)默画出铁碳相图,标明 C、S、B、E、F 点的碳质量分数及 ECF、PSK 线的温度,并标明各相区。

(2)画出纯铁的冷却曲线,并说明它的同素异构转变。

(3)说明铁碳合金中各相的本质。

(4)写出相图中 C、S 两点进行相变的反应式,指出各是什么反应,说明其相变特点;说出 ECF、PSK、ES、GS 各线的意义。

(5)用冷却曲线表示碳质量分数为 0.6%、3% 的铁碳合金的结晶过程,画出室温平衡组织示意图(标明各组织组成物),计算各组成相和组织组成物的质量分数。

(6)什么是相? 什么是组织? 什么是组织组成物? 相和组织有什么关系? 下面所列哪些是相? 哪些是组织? 哪些是组织组成物?

$$F、P、Le'、A、F+P、Fe_3C_{II}、Le'+Fe_3C_I、Fe_3C$$

(7)分析铁碳合金中5种渗碳体的不同形态和分布对合金性能的影响。

(8)总结铁碳合金的成分、组织、性能三者之间的关系。

3. 方法指导

(1)课前学生可对讨论题的(1)、(3)、(4)、(5)题写出详细发言提纲,其余各题只作一般准备。以上四题为重点讨论内容,其余各题是否讨论由教师根据讨论进展情况决定。

(2)教师应对学生的发言提纲进行检查。

(3)讨论开始时,可先由学生在黑板上默画出铁碳相图,其他同学修改补充,然后逐题进行讨论,采取自由发言的形式。学生也可自己提出一些问题进行分析讨论。最后由教师或同学进行总结。

(4)第(7)、(8)、(9)题可不进行讨论或只由教师作些简单说明,留待实验1:"铁碳合金平衡组织观察与分析"中进行。

(5)本次讨论后学生应交(1)、(3)、(4)、(5)四题修改补充后的发言提纲,教师进行批阅,其余各题学生可自己作适当总结。

课堂讨论 2 钢的热处理

热处理工艺在产品的生产过程中是很重要的一环,热处理工件质量的好坏在很大程度上取决于热处理工艺制定的正确性。因此,对机械制造类各专业技术人员来讲,不但要了解各种工程材料,而且要了解材料的各种加工处理过程,尤其是热处理工艺过程。这样才能在生产实践中合理地选用材料,正确地选定热处理的工艺方法,合理地安排工艺路线。

钢的热处理是本课程的重点章节之一,要求学生必须掌握。因此,学生应认真进行预习,上好本次课堂讨论课。

1. 讨论目的

(1) 消化和巩固课堂讲解的有关热处理原理部分的内容,运用等温冷却转变曲线(C 曲线)分析连续冷却时的组织转变,各种冷却条件下得到的组织及其特征,以及组织与性能的关系。掌握这些内容,有利于分析不同材料在各种热处理条件下所得到的组织和大致性能。

(2) 搞清几种基本热处理工艺的意义、目的和应用,并初步学会选用热处理工艺的基本方法,为今后在实际工作中正确选用热处理工艺、合理安排工艺路线打下基础。

2. 讨论题

(1) 直径为 10 mm 的 45 钢和 T12 钢试样在不同热处理条件下得到的硬度值如表 2-1 所示,请说明:

表 2-1

材料	热处理工艺			硬 度			显微组织
	加热温度/℃	冷却方式	回火温度/℃	/HRB	/HRC	/HB	
45 钢	860	炉冷		85		148	
		空冷			13	196	
		油冷			38	349	
		水冷			55	538	
		水冷	200		53	515	
		水冷	400		40	369	
		水冷	600		24	243	
	750	水冷			45	422	
T12	760	炉冷		93		176	
		空冷			26	257	
		油冷			46	437	
		水冷			66	693	
		水冷	200		63	652	
		水冷	400		51	495	
		水冷	600		30	283	
	860	水冷	—	—	61	637	

① 不同热处理条件下的显微组织(填入表 2-1 的显微组织栏中)。

② 冷却速度,淬火加热温度、碳质量分数对钢硬度的影响及其原因。

③ 回火温度对钢硬度的影响及其原因。

(2) 什么是钢的淬透性和淬硬性? 淬透性的好坏对钢热处理后的组织和性能有什么影响? 试比较下列钢种的淬透性和淬硬性的高低: T8、40Cr、20CrMnTi、40。

(3) 一根由 38CrSi 钢制成的、直径为 60 mm 的轴,要求横截面上至少自表面至 1/2 半径处应淬透,应用下面图 2-1、图 2-2、图 2-3 中的曲线,判断该钢是否满足要求。

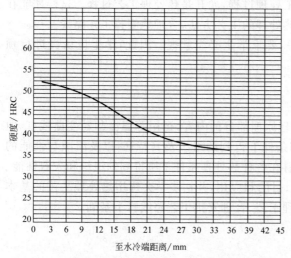

图 2-1　38CrSi 钢的淬透性曲线

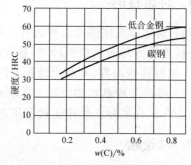

图 2-2　钢的半马氏体区(M 的体积分数为 50%)的硬度与钢的碳质量分数的关系

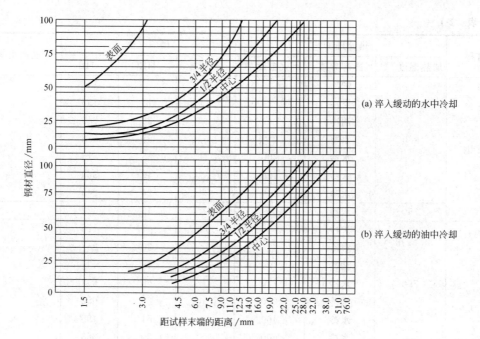

图 2-3　钢材横截面上各点与末端淬火试样纵向距离的换算曲线

3. 方法指导

讨论前,每个同学要先复习有关热处理原理和热处理工艺的内容,然后写出第(1)、(2)两个讨论题的详细发言提纲。建议做完实验 3 后结合实验结果进行讨论。

讨论时,在每个同学充分准备的基础上自由发言,相互启发,相互补充。最后由同学或教师进行总结。

第(1)、(2)题进行重点讨论,第(3)题作一般讨论。

讨论后,要求每个同学对第(1)、(2)题的发言提纲进行补充和修改,并交教师审阅。

课堂讨论 3　合　金　钢

1. 讨论目的

(1) 进一步掌握钢的合金化的基本规律；

(2) 了解合金钢的分类及编号方法；

(3) 通过对典型钢种的分析,熟悉各类钢的成分特点、热处理工艺、使用状态组织、性能特点及应用范围,为选材打下基础；

(4) 分析、掌握合金钢中各主要合金元素的作用。

2. 讨论题

(1) 合金钢按用途分为哪三类? 各类钢都包括什么钢种?

(2) 分析下列各牌号的种类及各合金元素的质量分数：

　　18Cr2Ni4WA、9Mn2V、GCr15、Cr12、06Cr18Ni11Ti(0Cr18Ni10Ti)、W18Cr4V

(3) 分析下列钢的种类、碳质量分数、合金元素主要作用、热处理工艺特点、使用状态的组织、性能特点及应用举例：

　　① 20Cr13(2Cr13)、W18Cr4V、5Cr4W5Mo2V、Q345(16Mn)、GCr15、65Mn；

　　② 20CrMnTi、40CrNiMo、9SiCr、5CrMnMo、06Cr18Ni11Ti(0Cr18Ni10Ti)、38CrMoAlA、
　　　40MnVB、60Si2Mn。

3. 方法指导

(1) 讨论前每个同学要充分复习本章内容并弄清讨论目的、方法和要求。然后写出详细的发言提纲。第(3)题每个学生只需准备一个小题。

(2) 讨论时,每个题目先请一个同学发言,其他同学补充,最后由教师总结。

课后把第(3)题写成总结报告(列成表格)交教师审阅。

课堂讨论 4　材料的选择和使用

1. 讨论目的

(1) 熟悉选材的基本原则及一般过程；

(2) 掌握常用零件的选材步骤，做到正确和合理地选定材料，安排加工工艺路线。

2. 讨论题

选材是一项比较复杂的技术工作。要做到合理地、正确地选材，除了应掌握必要的理论知识外，还要求具有比较丰富的工程实践经验，并且能善于全面考虑问题，会进行综合的分析和判断。因此，这次课堂讨论只能是学生对选材的一次初步练习。

(1) 为下列零件从括号内选择合适的制造材料，说明理由，并指出应采用的热处理方法：

汽车板簧（45、60Si2Mn、20Cr）

机床床身（Q235、T10A、HT150）

受冲击载荷的齿轮（40MnB、20CrMnTi、KT250-4）

桥梁构件 （Q345、40 钢、30Cr13）

滑动轴承（GCr15、ZSnSb11Cu6、40CrNiMo）

热作模具（T10、Cr12MoV、5CrNiMo）

高速切削刀具（W6Mo5Cr4V、T8、P20（YT14））

凸轮轴（9SiCr、QT800-2、40Cr）

轻载小齿轮（20CrMnTi、玻璃纤维增强酚醛树脂复合材料、尼龙 66）

发动机气门（40Cr、42Cr9Si2、Si_3N_4）

(2) 汽车半轴是传递扭矩的典型轴件，工作应力较大，且受一定的冲击载荷，其结构和主要尺寸如图 2-4 所示。对它的性能要求是：屈服强度 $\sigma_s >$ 600 MPa，疲劳强度 $\sigma_{-1} >$ 300 MPa，硬度 30～35 HRC，冲击吸收功 $A_k =$ 47～55 J。试选择合适的材料和热处理工艺，并制定相应的加工工艺路线。

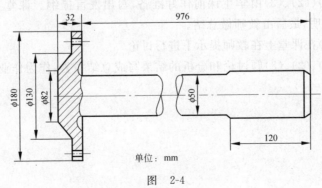

单位：mm

图　2-4

（3）一汽车后桥被动圆柱斜齿轮，其形状及尺寸见图 2-5，要求齿轮表面耐磨，硬度为 58～62 HRC，轮齿中心的硬度为 35～40 HRC，变形量要求尽可能小，齿中心的冲击吸收功 A_k 不应小于 55 J，屈服强度 σ_s 不小于 840 MPa。齿轮节圆直径为 125 mm，模数 $m=5$。试选择合适的材料，制定加工工艺路线，说明每步热处理的目的、工艺规范及组织。

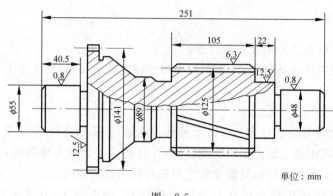

单位：mm

图　2-5

（4）一厚板零件，使用 40CrNiMo 钢制造。此钢的 K_{IC} 与 σ_b 的关系见图 2-6。制造厂无损检测能检测的裂纹长度≥4 mm。讨论：

① 如果厚板零件的设计工作应力 $\sigma_d=1/2\sigma_b$，当工作应力 σ_d 为 750 MPa 时，允许厚板零件中存在多长的裂纹？

② 制造厂无损检测能否预测上述厚板零件不发生脆断？

③ 如果把 σ_b 提高到 1900 MPa，允许厚板零件中存在 4 mm 长的裂纹，则允许工作应力是多少？

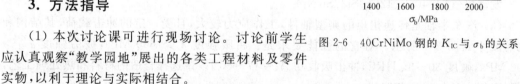

3. 方法指导

（1）本次讨论课可进行现场讨论。讨论前学生应认真观察"教学园地"展出的各类工程材料及零件实物，以利于理论与实际相结合。

图 2-6　40CrNiMo 钢的 K_{IC} 与 σ_b 的关系

（2）讨论题（1）、（2）、（3）由学生课前作好准备，写出发言提纲。课堂上由学生讨论，作出正确的选择和说明，最后由教师做总结。

（3）讨论题（4）在课堂上在教师提示下进行讨论。

（4）学生将（1）、（2）、（3）题讨论和分析的结果写成总结报告，作为作业交给教师。

第 **3** 篇

实验指导书

学习实验守则

1. 实验前认真做好预习，明确本次实验的目的，了解实验的内容、步骤及注意事项。

2. 实验不迟到，无故迟到三次者实验成绩记为不及格。病假、事假需有医生或班主任证明，无故旷课者，该次成绩记为零分。

3. 实验时必须听从教师的指导，严格遵守实验设备的操作规程，注意人身安全及设备安全，不得随意动用与本次实验无关的设备仪器，不准打闹。

4. 损坏设备、仪器，根据情节轻重按学校规定须进行全部或部分赔偿。

5. 实验完毕，整理好仪器、设备，清理桌面及场地。

6. 认真写好实验报告，按时上交。

实验1 金相显微镜的基本原理、构造及使用

1. 实验目的

（1）熟悉金相显微镜的基本原理、构造。

（2）了解金相显微镜的使用注意事项，掌握金相显微镜的使用方法。

2. 概述

（1）金相显微镜的基本原理

金相显微镜的光学原理如图 3-1 所示。光学系统包括物镜、目镜及一些辅助光学零件。物镜和目镜分别由两组透镜组成。对着物体 AB 的一组透镜组成物镜 O_1；对着人眼的一组透镜组成目镜 O_2。现代显微镜的物镜、目镜都由复杂的透镜系统组成。

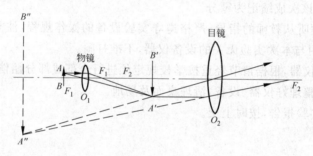

图 3-1　金相显微镜的光学原理示意图

物镜使物体 AB 形成放大的倒立实像 $A'B'$（称中间像），目镜再将 $A'B'$ 放大成仍倒立的虚像 $A''B''$，其位置正好在人眼的明视距离处（即距人眼 250 mm 处），我们在显微镜目镜中看到的就是这个虚像 $A''B''$。

金相显微镜的主要性能如下：

① 金相显微镜的放大倍数

放大倍数由下式来确定：

$$M = M_{物}\, M_{目} = \frac{L}{f_{物}} \frac{D}{f_{目}}$$

式中，M——金相显微镜放大倍数；

　$M_{物}$——物镜的放大倍数；

　$M_{目}$——目镜的放大倍数；

　$f_{物}$——物镜的焦距；

　$f_{目}$—目镜的焦距；

　L——金相显微镜的光学镜筒长度；

　D——明视距离（250 mm）。

$f_{物}$，$f_{目}$ 越短或 L 越长，则金相显微镜的放大倍数越大。在使用时，显微镜的放大倍数

就是物镜和目镜的放大倍数的乘积。

② 金相显微镜的鉴别率

金相显微镜的鉴别率(又称分辨率)是指它能清晰地分辨试样上两点间最小距离 d 的能力。在普通光线下,人眼能分辨两点间的最小距离为 0.15～0.30 mm,即人眼的鉴别率 d 为 0.15～0.30 mm,而显微镜当其有效放大倍数为 1400 倍时,其鉴别率 $d＝0.21$ μm。显然,d 值越小,鉴别率就越高。鉴别率是显微镜的一个最重要的性能,它可由下式计算:

$$d = \frac{\lambda}{2A}$$

式中:λ——入射光线的波长;

　　　A——物镜的数值孔径。

显微镜的鉴别率取决于使用光线的波长和物镜的数值孔径,与目镜无关,光线的波长可通过滤色片来选择,蓝光的波长($\lambda＝0.44$ μm)比黄绿光($\lambda＝0.55$ μm)短,所以鉴别率较黄绿光的大 25%。当光线的波长一定时,可通过改变物镜的数值孔径来调节显微镜的鉴别率。

③ 物镜的数值孔径

数值孔径 A 表示物镜的集光能力,如图 3-2 所示。

$$A = n\sin\varphi$$

式中,n——物镜与试样之间介质的折射率;

　　　φ——物镜孔径角的一半。

n 越大或 φ 角越大,则 A 越大。由于 φ 总是小于 90°的,所以在空气介质($n＝1$)中使用时,A 一定小于 1,这类物镜称干系物镜。

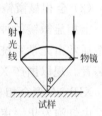

图 3-2　物镜的孔径角

当物镜与试样之间充满松柏油介质($n＝1.5$ 时),A 值最高可达 1.4。这就是显微镜在高倍观察时用的油浸系物镜(简称油镜头)。每个物镜都有一个设计额定的 A 值,它标刻在物镜体上。

④ 放大倍数、数值孔径、鉴别率之间的关系

显微镜的同一放大倍数可由不同倍数的物镜和目镜来组合。如 45 倍的物镜乘 10 倍的目镜或 15 倍的物镜乘 30 倍的目镜都是 450 倍,所以对于同一放大倍数,存在着如何合理选用物镜和目镜的问题。这里,应该首先确定物镜,然后根据计算选定目镜,并必须使显微镜的放大倍数在该物镜数值孔径的 500～1000 倍之间,即

$$M = (500 \sim 1000)A$$

这个范围称有效放大倍数范围。若 $M＜500A$,则未能充分发挥物镜的鉴别率。若 $M＞1000A$,则造成虚伪放大,细微部分将分辨不清。

⑤ 透镜成像的缺陷

a. 球面像差。如图 3-3 所示,当来自 A 点的单色光(即一定波长的光线)通过透镜后,由于透镜表面呈球形,光线不能交于一点,而使放大后的像模糊不清。此现象称为球面像差。

降低球面像差的办法,除了制造物镜时采取不同透镜的组合进行必要的校正外,在使用显微镜时,也可采取调节孔径光阑,适当控制入射光束粗细,减少透镜表面面积等方法,把球面像差降低到最低程度。

b. 色像差。如图 3-4 所示,白色光是由 7 种单色光组成,当来自 A 点的白色光通过透镜后,由于各单色光的波长不同,折射率不一样,使光线折射后不能交于一点。紫光折射最强,红光折射最弱,结果使成像模糊不清。此现象称为色像差。

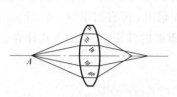

图 3-3 球面像差示意图

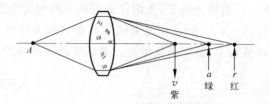

图 3-4 色像差示意图

消除色像差的方法,一是制造物镜时进行校正。根据校正程度,物镜可分为消色差物镜和复消色差物镜。消色差物镜常与普通目镜配合,用于低倍和中倍观察;复消色差物镜与补偿目镜配合,用于高倍观察。二是使用滤色片得到单色光。常用的滤色片有蓝色、绿色或黄色等。

（2）金相显微镜的构造

金相显微镜的种类和型号很多,但最常见的有台式、立式和卧式三大类。金相显微镜的构造通常由光学系统、照明系统以及机械系统三大部分组成。有的显微镜还附带有照相摄影装置。现以国产 XJP-3A 型双目金相显微镜为例进行说明。

XJP-3A 型金相显微镜的结构如图 3-5(a)所示。图 3-5(b)是光学系统示意图。

由灯泡发出一束光线经过聚光镜组 1 及反光镜,被会聚在孔径光阑上,然后经过聚光镜组 2,再将光线聚集在物镜的后焦面上。最后光线通过物镜,用平行光照明样品,使其表面得到充分均匀的照明。从物体表面散射的成像光线,复经物镜、辅助物镜片 1、半透反光镜、辅助物镜片 2、棱镜,造成一个物体的放大实像。该像被目镜再次放大。

XJP-3A 型双目金相显微镜采用倒置式,其优点是结构紧凑,体积较小;重心低,安放稳定;目镜筒成 45°倾斜,观察舒适。由于试样放在载物片上(试样被观察表面与载物片上表面重合),其观察面必然垂直于光轴,并且与试样高度无关,所以操作较方便。其各部分结构分述如下:

① 底座组

底座组是该仪器的主要组成部分之一,底座后端装有低压灯泡作为光源,利用灯座孔上面两边斜向布置的两个滚花螺钉,可使灯泡作上下和左右移动;转松压有直纹的偏心圈,灯座就可带着灯泡前后移动,然后转紧偏心圈,灯座就可紧固在灯座孔内。

灯前有聚光镜、反光镜和孔径光阑组成的部件,这组装置仅系照明系统的一部分,其余尚有视场光阑及另外安装在支架上的聚光镜。通过以上一系列透镜及物镜本身的作用,从而使试样表面获得充分均匀的照明。

② 调焦机构

粗动、微动调焦机构采用的是同轴式调焦机构。粗动调焦手轮和微动调焦手轮是安装在粗微动座的两侧,位于仪器下部。旋转粗动调焦手轮,能使载物台迅速地上升或下降,旋转微动调焦手轮,能使载物台做缓慢的上升或下降,这是物镜精确调焦所必需的。在粗调旋钮的一侧有制动装置,用以固定调焦正确后载物台的位置。微动旋钮转动内部一组齿轮,使

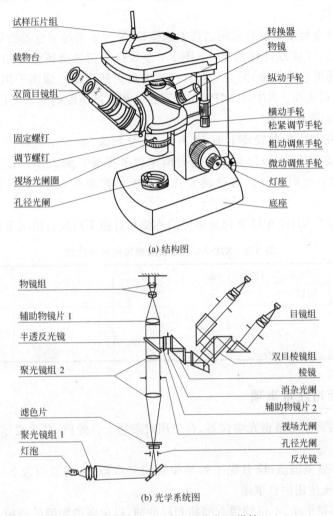

图 3-5　XJP-3A 型双目金相显微镜

其沿着滑轨缓慢移动。在右侧旋钮上刻有分度,每小格表示微动升降 $2\,\mu m$,估读值为 $1\,\mu m$。镜体齿轮上刻有两条白线,相连支架上有一条白线,用以表示微动升降的极限位置。微调时不可超出这一范围。否则将会损坏机件。

③ 物镜转换器

旋动转换器可使物镜镜头进入光路,转换器呈球面形,上面有三个螺孔,可安装不同放大倍数的物镜,用手指捏住转换器外圆,转动转换器,就可实现更换不同倍数的物镜,并与不同的目镜搭配使用,即获得各种放大倍数。

④ 载物台

XJP-3 型载物台采用的是手推式,方形(其前方带弧形)结构,与仪器主体协调。载物台联结面采用粘性油膜与托盘联结。用双手拇指和食指按住载物台两侧,轻轻用力推动,就可使载物台前后、左右在水平面上作一定范围的移动,以改变试样的观察部位。载物台与托盘之间有四方导架,目的是避免载物台滑出托盘之外。载物台上可安装试样压片组,用以压紧试样。XJP-3A 双目金相显微镜采用的是机械移动式载物台,使用更为方便。

⑤ 物镜与目镜

XJP-3 型双目金相显微镜是采用消色差物镜(40X 为半平场消色差物镜)配合平场目镜(5X 为惠更斯目镜)可获得良好像质。XJP-3A 型双目金相显微镜是采用的平场消色差物镜(100X 为半平场消色差物镜)配合平场目(5X 为惠更斯目镜),像面平坦,像质更佳,观察更为舒适,摄影质量更高。XJP-3、XJP-3A 型双目金相显微镜配的是双筒目镜组。

⑥ 孔径光阑和视场光阑

孔径光阑装在照明反射镜座上面,刻有 0～5 分刻线,它表示孔径大小的毫米数。视场光阑装在物镜支架下面,可以旋转滚花套圈来调节视场光阑大小。在套圈上方有两个滚花螺钉,用来调节光阑中心。通过调节孔径和视场光阑的大小,可以提高最后映像的质量。

表 3-1 中列出了 XJP-3A 型金相显镜镜的物镜和目镜不同配合情况下的放大倍数。

表 3-1　XJP-3A 型金相显微镜的放大倍数

光学系统 ＼ 目镜 物镜		5×	10×	12.5×
干燥系统	10×	50×	100×	125×
干燥系统	40×	200×	400×	500×
油浸系统	100×	500×	1000×	1250×

3. 显微镜使用注意事项

金相显微镜是贵重的精密光学仪器,在使用时必须十分爱护,自觉遵守实验室的规章制度和操作程序。

(1) 初次操作显微镜前,应首先了解显微镜的基本原理、构造以及各主要附件的作用等,并要了解显微镜使用注意事项。

(2) 金相试样要干净,不得残留有酒精和浸蚀剂,以免腐蚀物镜的透镜。使用时不能用手触摸透镜。擦镜头要用镜头纸。

(3) 照明灯泡电压一般为 6 V。必须通过降压变压器使用,千万不可将其灯泡插头直接插入 220 V 电源,以免烧毁灯泡。

(4) 操作要细心,不得有粗暴和剧烈的动作。安装、更换镜头及其他附件时要细心。严禁拆卸显微镜和镜头等重要附件。

(5) 调焦距时应先将载物台下降,使样品尽量靠近物镜(不能接触),然后用目镜观察。先用双手旋转粗调焦旋钮,使载物台慢慢上升,待看到样品的显微组织后,再调节微调焦旋钮直至图像清晰为止。

(6) 使用时如出现故障应立即报告教师,不得自行处理。

(7) 使用完毕,关闭电源。将显微镜恢复到使用前状态,盖上仪器罩,经教师检查无误后,方可离开实验室。

4. 实验内容

（1）熟悉金相显微镜的构造，掌握各主要部件的操作要点。

（2）观察已备金相样品的显微组织。

5. 实验报告要求

（1）简述金相显微镜的操作过程。

（2）画出观察金相样品的显微组织示意图。

实验 2　铁碳合金平衡组织分析

1. 实验目的

(1) 熟悉铁碳合金在平衡状态下的显微组织。
(2) 了解铁碳合金中的相与组织组成物的本质、形态及分布特征。
(3) 分析并掌握平衡状态下铁碳合金的组织和性能之间的关系。

2. 概述

铁碳合金是工业上应用最广的金属材料,它们的性能与组织有密切的联系,因此熟悉掌握它们的组织,对于合理使用钢铁材料具有十分重要的实际指导意义。

(1) 铁碳合金的平衡组织

平衡组织一般是指合金在极为缓慢冷却的条件下(如退火状态)所得到的组织。铁碳合金在平衡状态下的显微组织可以根据 $Fe-Fe_3C$ 相图来分析。从相图可知,铁碳合金在室温时的显微组织均由铁素体(F)相和渗碳体(Fe_3C)相所组成。但是,由于碳质量分数的不同,结晶条件的差别,铁素体和渗碳体的相对数量、形态、分布情况均不一样,因而呈现各种不同特征的组织组成物。碳钢和白口铸铁在室温下的显微组织见表 3-2。

表 3-2　各种铁碳合金在室温下的显微组织

合金类型		碳质量分数 $w(C)/\%$	显微组织
工业纯铁		≤0.0218	铁素体(F)
碳钢	亚共析钢	0.0218~0.77	铁素体(F)+珠光体(P)
	共析钢	0.77	珠光体(P)
	过共析钢	0.77~2.11	珠光体(P)+二次渗碳体(Fe_3C_{II})
白口铸铁	亚共晶白口铸铁	2.11~4.3	珠光体(P)+二次渗碳体(Fe_3C_{II})+莱氏体(Le')
	共晶白口铸铁	4.3	莱氏体(Le')
	过共晶白口铸铁	4.3~6.69	一次渗碳体(Fe_3C_I)+莱氏体(Le')

① 工业纯铁　室温时的平衡组织为铁素体(F),F 是白色块状(见图 3-6)。

② 亚共析钢　室温时的平衡组织为铁素体(F)+珠光体(P),F 呈白色块状,P 呈层片状,放大倍数不高时呈黑色块状(见图 3-7)。碳质量分数大于 0.6%的亚共析钢,室温平衡组织中的 F 呈白色网状包围在 P 周围(见图 3-8)。

③ 共析钢　室温时的平衡组织是珠光体(P),其组成相是 F 和 Fe_3C(见图 3-9 和图 3-10)。

④ 过共析钢　室温时的平衡组织为 Fe_3C_{II}+P。在显微镜下,Fe_3C_{II} 呈网状分布在层片状 P 周围(见图 3-11)。

⑤ 亚共晶白口铸铁　室温时的平衡组织为 P+Fe_3C_{II}+Le'。网状 Fe_3C_{II} 分布在粗大块状的 P 的周围,Le'则由条状或粒状 P 和 Fe_3C 基体组成(见图 3-12)。

⑥ 共晶白口铸铁　室温时的平衡组织为 Le',由黑色条状或粒状 P 和白色 Fe_3C 基体组成(见图 3-13)。

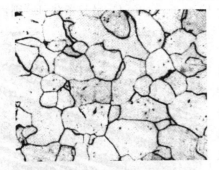

图 3-6 工业纯铁显微组织

图 3-7 碳质量分数为 0.45% 碳钢的显微组织

图 3-8 碳质量分数为 0.6% 碳钢的显微组织

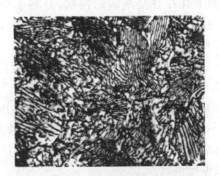

图 3-9 中倍下的珠光体

图 3-10 高倍下的珠光体

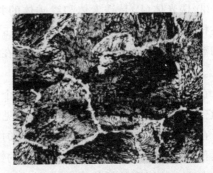

图 3-11 碳质量分数为 1.2% 碳钢的显微组织

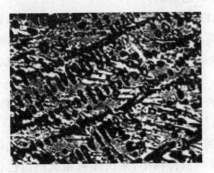

图 3-12 亚共晶白口铸铁的显微组织

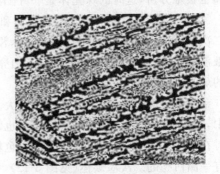

图 3-13 共晶白口铸铁的显微组织

⑦ 过共晶白口铸铁　室温时的平衡组织为 $Fe_3C_I + Le'$，Fe_3C_I 呈长条状，Le' 则由条状或粒状 P 和 Fe_3C 基体组成(见图 3-14)。

(2) 各种组成相或组织组成物的特征

① 铁素体(F)是碳溶于 α-Fe 的固溶体。铁素体为体心立方晶格。经 3%～5% 硝酸、酒精溶液浸蚀后，在显微镜下观察呈白色晶粒(见图 3-6)。亚共析钢中，随着钢中碳含量的增加，珠光体含量增加而铁素体含量减少。铁素体含量较多时，呈块状分布(见图 3-7)。当钢中碳质量分数接近共析成分时，铁素体往往呈断续的网状，分布于珠光体的周围(见图 3-8)。铁素体具有磁性及良好的塑性，硬度较低，一般为 80～120 HB。

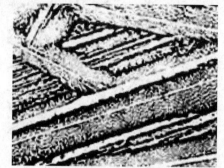

图 3-14　过共晶白口铸铁的显微组织

② 渗碳体(Fe_3C)是铁与碳形成的具有复杂结构的间隙化合物(Fe_3C)，它的碳质量分数为 6.69%，抗浸蚀能力较强。经 3%～5% 硝酸、酒精溶液浸蚀后呈白亮色。

一次渗碳体(Fe_3C_I)是直接从液体中析出的，呈长白条状，分布在莱氏体中；二次渗碳体(Fe_3C_{II})是由奥氏体(A)中析出的，数量较少，皆沿奥氏体晶界析出，在奥氏体转变成珠光体后，它呈网状分布在珠光体的边界上。另外，经不同的热处理后，渗碳体可以呈片状、粒状或断续网状。

渗碳体的硬度很高，可达 800 HB 以上，它是一种硬而脆的相，强度和塑性都很差。

③ 珠光体(P)是铁素体和渗碳体的共析机械混合物，它是由铁素体片和渗碳体片相互交替排列形成的层片状组织。经 3%～5% 硝酸、酒精溶液浸蚀后，试样磨面上的条状铁素体和渗碳体因边界被浸蚀呈黑色线条，在不同放大倍数的显微镜下观察时，具有不太一样的特征。

在 600 倍以上的高倍下观察时，每个珠光体团中是平行相间的宽条铁素体和细条渗碳体，它们都呈白亮色，而其边界呈黑色(见图 3-10)。

在 400 倍左右的中倍观察时，白亮的渗碳体细条被两边黑色的边界线所"吞食"，而变成为黑条，这时所看到的珠光体是宽白条的铁素体和细黑条的渗碳体相间的混合物(见图 3-9)。

在 200 倍以下的低倍观察时，由于显微镜的鉴别率较低，宽白条的铁素体和细黑条的渗碳体也很难分辨，这时的珠光体是一片黢黑，成为黑块的组织。

④ 莱氏体(Le')在室温时是珠光体和渗碳体的机械混合物。渗碳体中包括共晶渗碳体和二次渗碳体，两种渗碳体相混在一起，没有边界线，无法分辨开。经 3%～5% 硝酸、酒精溶液浸蚀后，莱氏体的组织特征是，在白亮色的渗碳体基体上分布着许多黑色点(块)状或条状的珠光体(图 3-13)。

莱氏体硬度很高，达 700 HB，脆性大。它一般存在于碳质量分数大于 2.11% 的白口铸铁中，在某些高碳合金钢的铸造组织中也常有出现。

在亚共晶白口铸铁中，莱氏体被黑色粗树枝状的珠光体所分割，而且可看到在珠光体周围有一圈白亮的二次渗碳体(见图 3-12)。在过共晶白口铸铁中，莱氏体被粗大的白色长条状的一次渗碳体所分割(见图 3-14)。

（3）铁素体与渗碳体的区别

铁碳合金平衡组织都是由铁素体和渗碳体两相组成。F 和 Fe_3C 经 3％～5％硝酸、酒精溶液浸蚀后均呈白亮色，有时为了区别晶界网状是铁素体还是渗碳体，可用碱性苦味酸钠水溶液（2 g 苦味酸、25 g 氢氧化钠、100 mL 水）煮沸 15 min，渗碳体被染成黑色，铁素体仍为白色（见图 3-15），这样就可区别 F 和 Fe_3C。

图 3-15　碳质量分数为 1.2％碳钢的显微组织（经碱性苦味酸钠溶液浸蚀）

（4）亚共析钢碳质量分数的估算

亚共析钢的碳质量分数在 0.0218％～0.77％范围内，平衡状态下组织为铁素体和珠光体，随着碳含量的增加，铁素体的含量逐渐减少，珠光体的含量增多，两者的质量分数可由杠杆定律求得。

例如，碳的质量分数为 0.45％的钢（45 钢），其珠光体、铁素体的质量分数分别为

$$P(\%) = \frac{0.45}{0.77} \times 100\% = 56\%$$

$$F(\%) = \frac{0.77 - 0.45}{0.77} \times 100\% = 44\%$$

反过来，因珠光体、铁素体和渗碳体的密度相近，也可以通过在显微镜下观察到的珠光体和铁素体各自所占的面积百分数近似地计算出钢的碳质量分数。例如，在显微镜下观察到约有 50％的面积为珠光体，50％的面积为铁素体，则此钢的碳质量分数为 $w(C) = 50\% \times 0.77 = 0.4$，即此钢相当于 40 钢（铁素体在室温下碳含量极微，可忽略不计）。

3. 实验内容

（1）观察表 3-3 中所列样品的显微组织，研究每一个样品的组织特征，并联系铁碳相图分析其组织形成过程。

表 3-3　金相样品的材料和工艺（浸蚀剂 4％硝酸、酒精溶液）

编　号	材　料	工　艺
1	工业纯铁	退火
2	亚共析钢（45 号钢）	退火
3	共析钢（T8）	退火
4	过共析钢（T12 钢）	退火
5	亚共晶白口铸铁	铸造
6	共晶白口铸铁	铸造
7	过共晶白口铸铁	铸造
8	未知碳质量分数的铁碳合金	退火

（2）用铅笔绘出所观察样品的显微组织示意图，用箭头和代表符号标出各组织组成物。

（3）分析一个未知试样。指出它是何种钢，是什么组织，用杠杆定律计算出大致的碳质量分数，求出大致的硬度（HB）。

4. 实验报告要求

（1）写出实验目的。

（2）画出所观察样品的显微组织示意图（用箭头和代表符号标明各组织组成物，并注明样品成分、浸蚀剂和放大倍数）。

（3）根据所观察的组织，说明碳含量对铁碳合金的组织和性能的影响的大致规律。

（4）根据杠杆定律计算未知样品的碳质量分数和大致硬度（HB）。

5. 思考题

（1）珠光体组织在低倍观察和高倍观察时有何不同？为什么？

（2）渗碳体有哪几种？它们的形态有什么差别？

实验 3 钢的热处理及热处理后的显微组织观察

1. 实验目的

(1) 熟悉钢的几种基本热处理操作：退火、正火、淬火、回火。

(2) 了解加热温度、冷却速度、回火温度等主要因素对 45 钢热处理后性能（硬度）的影响。

(3) 观察碳钢热处理后的显微组织。

2. 概述

钢的热处理就是利用钢在固态范围内的加热、保温和冷却，以改变其内部组织，从而获得所需要的物理、化学、机械和工艺性能的一种操作。热处理的基本操作有退火、正火、淬火、回火等。进行热处理时，加热温度、保温时间和冷却方式是最重要的三个基本工艺因素。

1) 加热温度的选择

(1) 退火加热温度

一般亚共析钢加热至 A_{c3}＋(20～30)℃（完全退火）。共析钢和过共析钢加热至 A_{c1}＋(20～30)℃（球化退火），目的是得到球状渗碳体，降低硬度，改善高碳钢的切削性能。

(2) 正火加热温度

一般亚共析钢加热至 A_{c3}＋(30～50)℃；过共析钢加热至 A_{ccm}＋(30～50)℃，即加热到奥氏体单相区。

(3) 淬火加热温度

一般亚共析钢加热至 A_{c3}＋(30～50)℃，共析钢和过共析钢加热至 A_{c3}＋(30～50)℃。各种碳钢的临界点见表 3-4。

表 3-4 各种碳钢的临界点

$w(C)/\%$	临界点/℃			淬火温度/℃
	A_{c1}	A_{c3}	A_{ccm}	
0.2	727	835	—	860～880
0.4	727	780	—	840～860
0.6	727	750	—	770～790
0.8	727	727	—	780～800
0.9	727	—	735	760～800
1.0	727	—	800	760～800
1.2	727	—	895	760～800
1.3	727	—	930	760～800
1.5	727	—	995	760～800

(4) 回火温度的选择 钢淬火后都要回火，回火温度决定于最终所要求的组织和性能（工厂中常常是根据硬度的要求），按加热温度高低回火可分为以下三类。

① 低温回火　在 150～250℃的回火称为低温回火,所得组织为回火马氏体,硬度约为 60 HRC。其目的是降低淬火应力,减少钢的脆性并保持钢的高硬度。低温回火常用于高碳钢的切削刀具、量具和滚动轴承件。

② 中温回火　在 350～500℃的回火称为中温回火,所得组织为回火屈氏体,硬度约为 40～48 HRC。其目的是获得高的弹性极限,同时有高的韧性。主要用于含碳 0.5%～0.8%的弹簧钢热处理。

③ 高温回火　在 500～650℃的回火称高温回火,所得组织为回火索氏体,硬度约为 25～35 HRC。其目的是获得既有一定强度、硬度,又有良好冲击韧性的综合力学性能。所以把淬火后经高温回火的处理称为调质处理,用于中碳结构钢。

2) 保温时间的确定

为了使工件内外各部分温度约达到指定温度,并完成组织转变,使碳化物溶解和奥氏体成分均匀化,必须在淬火加热温度下保温一定的时间。通常将工件升温和保温所需时间算在一起,统称为加热时间。

热处理加热时间必须考虑许多因素,例如工件的尺寸和形状,使用的加热设备及装炉量,装炉时炉子温度、钢的成分和原始组织,热处理的要求和目的等。

实际工作中多根据经验大致估算加热时间。一般规定,在空气介质中,升到规定温度后的保温时间,对碳钢来说,按工件厚度每毫米需 1 min 到 1.5 min 估算;合金钢按每毫米 2 min 估算。在盐浴炉中,保温时间则可缩短为在空气介质中保温时间的 1/3～1/2。

3) 冷却方法

热处理时的冷却方式要适当,才能获得所要求的组织和性能。

退火一般采用随炉冷却。

正火(常化)采用空气冷却,大件可采用吹风冷却。

淬火冷却方法非常重要,一方面冷却速度要大于临界冷却速度,以保证全部得到马氏体组织;另一方面冷却应尽量缓慢,以减少内应力,避免变形和开裂。为了解决上述矛盾,可以采用不同的冷却介质和方法,使淬火工件在奥氏体最不稳定的温度范围内(550～650℃)快冷,超过临界冷却速度,而在 M_s(100～300℃)点以下温度时冷却较慢,理想的冷却速度如图 3-16 所示。

碳钢经热处理后的组织,可以是平衡或接近平衡状态(如退火、正火)的组织,也可以是非平衡组织(如淬火组织),因此在研究热处理后的组织时,不但要参考铁碳相图,还要利用 C 曲线。

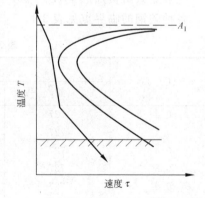

图 3-16　淬火时的理想冷却曲线示意图

铁碳相图能说明慢冷时不同碳含量的铁碳含金的结晶过程和室温下的组织及相的相对量。C 曲线则能说明一定成分的铁碳合金在不同冷却条件下的转变过程,以及能得到哪些组织。

4) 钢冷却时所得的各种组织组成物的形态

(1) 珠光体(P)是铁素体与渗碳体的机械混合物,层片较粗。

（2）索氏体（S）是铁素体与渗碳体的机械混合物。其层片比珠光体更细密，在显微镜的高倍（700 倍以上）放大下才能分辨。

（3）屈氏体（T）也是铁素体与渗碳体的机械混合物。片层比索氏体更细密，在一般光学显微镜下无法分辨，只能看到如墨菊状的黑色组织。当其少量析出时，沿晶界分布呈黑色网状包围马氏体。当析出量较多时，呈大块黑色晶团状。只有在电子显微镜下才能分辨其中的片层。

（4）贝氏体是奥氏体中温转变的产物，贝氏体也是铁素体与渗碳体的两相混合物，但其金相形态与珠光体类组织不同，并因钢的成分和形成温度不同而有差别。其组织形态主要有两种：

① 上贝氏体　上贝氏体是由成束平行排列的条状铁素体和条间断续分布的渗碳体所组成的非层状组织。当转变量不多时，在光学显微镜下为成束的铁素体条向奥氏体晶界内伸展，具有羽毛状特征。在电镜下铁素体以几度到十几度的小位向差相互平列，渗碳体沿条的长轴方向排列成行。上贝氏体中铁素体的亚结构是位错。

② 下贝氏体　下贝氏体是在片状铁素体内部沉淀有碳化物的混合物组织。由于下贝氏体易受浸蚀，所以在显微镜下呈黑色针状，在电镜下是以片状铁素体为基体，其中分布着很细的碳化物片，大致与铁素体片的长轴呈 $55° \sim 65°$ 角。下贝氏体中的铁素体亚结构是位错。

（5）马氏体（M）是碳在 α-Fe 中的过饱和固溶体，马氏体的组织形态是多种多样的，归纳起来可分为两大类，即板条状马氏体和片状马氏体。

① 板条状马氏体　在光学显微镜下，板条状马氏体的形态呈现为一束束相互平行的细长条状马氏体群，在一个奥氏体晶粒内可有几束不同取向的马氏体群。每束内的条与条之间以小角度晶界分开，束与束之间具有较大的位向差。板条状马氏体的立体形态为细长的板条状，其横截面据推测呈近似椭圆形。由于条状马氏体形成温度较高，在形成过程中常有碳化物析出，即产生自回火现象，故在金相试验时易被腐蚀呈现较深的颜色。在电子显微镜下，马氏体群是由许多平行的板条所组成。经透射电镜观察发现，板条状马氏体的亚结构是高密度的位错。含碳低的奥氏体形成的马氏体呈板条状，故板条状马氏体又称低碳马氏体，因亚结构为位错又称位错马氏体。

② 片状马氏体　在光学显微镜下，片状马氏体呈针状或竹叶状，片间有一定角度，其立体形态为双凸透镜状。因形成温度较低，没有自回火现象，故组织难以浸蚀，所以颜色较浅，在显微镜下呈白亮色。用透射电镜观察，其亚结构为孪晶。含碳高的奥氏体形成的马氏体呈片状，故称为片状马氏体，又称高碳马氏体；根据亚结构特点，又称孪晶马氏体。

马氏体的粗细取决于淬火加热温度，即取决于奥氏体晶粒在高碳钢正常淬火温度下加热时的大小。淬火后得到的细针状马氏体，在光学显微镜下呈布纹状，仅能隐约见到针状，故又称为隐晶马氏体。如淬火温度较高，奥氏体晶粒粗大，则得到粗大针状马氏体。

（6）残余奥氏体（A_r）　当奥氏体中碳质量分数大于 0.5% 时，淬火时总有一定量的奥氏体不能转变成为马氏体，而保留到室温，这部分奥氏体即为残余奥氏体。它不易受硝酸、酒精溶液的浸蚀，在显微镜下呈白亮色，分布在马氏体之间，无固定形态，淬火后未经回火时，残余奥氏体与马氏体很难区分，都呈白亮色。只有回火后才能分辨出马氏体间的残余奥氏体。

5）钢淬火回火后的组织

淬火钢经不同温度回火后,所得的组织通常分为三种。

（1）回火马氏体

淬火钢在 150～250℃ 之间进行低温回火时,马氏体内的过饱和碳原子脱溶,沉淀析出与母相保持共格关系的碳化物,这种组织称为回火马氏体。与此同时,残余奥氏体也开始转变为回火马氏体。在显微镜下回火马氏体仍保持针（片）状形态。因回火马氏体易受浸蚀,所以为暗色针状组织。回火马氏体具有高的强度和硬度,而韧性和塑性较淬火马氏体有明显改善。

（2）回火屈氏体

淬火钢在 350～500℃ 进行中温回火,所得的组织是铁素体与粒状渗碳体组成的极细密混合物,称为回火屈氏体。组织特征是,铁素体基本上保持原来针（片）状马氏体的形态,而在基体上分布着极细颗粒的渗碳体,在光学显微镜下分辨不清,为黑点。但在电子显微镜下可观察到渗碳体颗粒。回火屈氏体有较好的强度,最佳的弹性,韧性也较好。

（3）回火索氏体

淬火钢在 500～650℃ 高温回火时所得到的组织为回火索氏体。它是由粒状渗碳体和等轴形铁素体组成的混合物。在光学显微镜下可观察到渗碳体小颗粒,它均匀分布在铁素体中,此时铁素体经再结晶已消失针状特征,呈等轴细晶粒。回火索氏体组织具有强度、韧性和塑性较好的综合力学性能。

3. 实验内容

（1）按表 3-5 所列工艺进行热处理操作实验。

表 3-5   热处理实验任务表（45 钢）

热处理工艺			硬度值/HRC,或/HRB				转换硬度/HB	组织
加热温度/℃	冷却方法	回火温度/℃	1	2	3	平均		
860	炉冷	—						
	气冷	—						
	油冷	—						
	水冷	—						
	水冷	200						
	水冷	400						
	水冷	600						
750	水冷	—						

（2）测定热处理后试样的硬度（炉冷、气冷试样测硬度（HRB）,其余试样测硬度（HRC）。

（3）观察表 3-6 中样品的显微组织。

表 3-6　观察样品的材料、热处理工艺和显微组织

样品编号	材　料	热处理工艺	浸蚀剂	显微组织
1	45 钢	860℃气冷	4%硝酸酒精	索氏体＋铁素体(图 3-17)
2	45 钢	860℃油冷	4%硝酸酒精	马氏体＋屈氏体(图 3-18)
3	45 钢	860℃水冷	4%硝酸酒精	马氏体(图 3-19)
4	45 钢	860℃水冷＋600℃回火	4%硝酸酒精	回火索氏体(图 3-20)
5	T12 钢	760℃球化退火	4%硝酸酒精	球化体(图 3-21)
6	T12 钢	780℃水冷＋200℃回火	4%硝酸酒精	回火马氏体 ＋ 二次渗碳体＋残余奥氏体(图 3-22)
7	T12 钢	1100℃水冷	4%硝酸酒精	粗大马氏体＋残余奥氏体

图 3-17　45 钢 860℃气冷组织：索氏体＋铁素体　　　图 3-18　45 钢 860℃油冷组织：马氏体＋屈氏体

 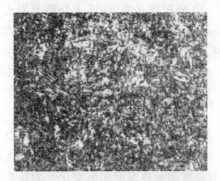

图 3-19　45 钢 860℃淬火组织：马氏体　　　　图 3-20　45 钢调质后组织：回火索氏体

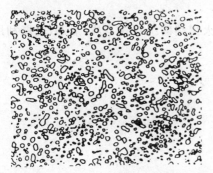 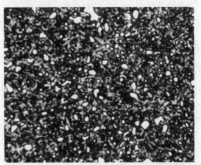

图 3-21　T12 钢 760℃球化退火组织：球化体　　　图 3-22　T12 钢 780℃水冷＋200℃回火组织：回火
马氏体＋二次渗碳体＋残余奥氏体

4. 实验步骤

(1) 全班分成两组,每组一套 45 钢试样 8 块,炉冷试样由实验室教师事先处理好。

(2) 将 45 钢试样分别放入 860℃ 和 750℃ 炉子内加热,保温 15~20 min 后,分别进行水冷、油冷、空冷操作。

(3) 每组将水冷试样中各取出三块分别放入 200℃、400℃、600℃ 的炉内进行回火,回火保温时间为 30 min。

(4) 淬火时,试样要用钳子夹住,动作要快,并不断在水中搅动,以免影响热处理质量。取放试样前先将炉子电源关闭。

(5) 热处理后的试样用砂纸磨去两端面氧化皮,然后测量硬度(HRC 或 HRB)。

(6) 每个同学都将自己测定的硬度资料填入表 3-5 中(每个试样打三点),并记下实验的全部资料,以供分析。

(7) 观察表 3-6 中样品的显微组织。

(8) 画出所观察样品的组织示意图,并注明材料、处理工艺、放大倍数、组织名称、浸蚀剂等。

5. 实验报告要求

(1) 写出实验目的。

(2) 列出全部实验资料,填表 3-5(将硬度数值(HRC、HRB)按表 3-11 换算(HB))。

(3) 分析淬火温度、淬火介质及回火温度对 45 钢性能(硬度)的影响,画出它们同硬度关系的示意曲线,并根据铁碳相图、C 曲线(或 CCT 曲线)和回火时的转变阐明硬度变化的原因。

(4) 画出所观察样品的显微组织图,标上组织组成物,说明组织特征。

6. 思考题

(1) 45 钢常用的热处理是什么? 它们的组织是什么? 多做什么工件?

(2) 退火状态的 45 钢试样分别加热到不同温度(例如 600~900℃ 之间)后,在水中冷却,其硬度随加热温度如何变化? 为什么?

(3) 45 钢淬火后硬度不足,如何用金相法判断是淬火加热温度不足还是冷却速度不够?

(4) 45 钢调质处理得到的组织和 T12 球化退火得到的组织在本质、形态、性能和用途上有何差异?

实验 4　硬度计的使用

1. 实验目的

(1) 熟悉洛氏硬度计的原理、构造。

(2) 学会洛氏硬度计的使用。

2. 概述

硬度是指一种材料抵抗另一较硬的具有一定形状和尺寸的物体(金刚石压头或钢球)压入其表面的抗力。由于硬度试验简单易行,又无损于零件,因此在生产和科研中应用十分广泛。另外,硬度和抗拉强度之间有近似的正比关系:

$$\sigma_b = K \cdot HB (\text{MPa})^*$$

式中,K 为系数,对不同材料和其不同的热处理状态 K 值不同。例如碳钢的 K 值为 3.528,调质状态的合金钢为 3.332,铸铝为 2.548。

常用的硬度试验方法有:

洛氏硬度计:主要用于金属材料热处理后的产品性能检验。

布氏硬度计:应用于黑色、有色金属原材料检验,也可测退火、正火后试件的硬度。

维氏硬度计:应用于薄板材料及材料表层的硬度测定,以及较精确的硬度测定。

显微硬度计:主要应用于测定金属材料的显微组织及各组成相的硬度。

本实验重点介绍最常用的洛氏硬度试验法。

3. 洛氏硬度试验

(1) 洛氏硬度试验原理

洛氏硬度试验,是用金刚石圆锥压头(圆锥角为 120°)或钢球压头在先后施加两个载荷(预载荷和总载荷)的作用下压入金属表面来进行的。总载荷 P 为预载荷 P_0 和主载荷 P_1 之和,即 $P = P_0 + P_1$。

洛氏硬度值是施加总载荷 P 并卸除主载荷 P_1 后,在预载荷 P_0 继续作用下,由主载荷 P_1 引起的残余压入深度 e 来计算(见图 3-23)。

图中,h_0 表示在预载荷 P_0 作用下压头压入被试材料的深度,h_1 表示施加总载荷 P 并卸除主载荷 P_1,但仍保留预载荷 P_0 时,压头压入被试材料的深度。

深度差 $e = h_1 - h_0$,该值用来表示被测材料硬度的高低。

在实际应用中,为了使硬的材料得出的硬度值比软的材料得出的硬度值高,以符合一般的习惯,将被测材料的硬度值用公式加以适当变换。即

$$HR = [K - (h_1 - h_0)]/C$$

式中,K 为一常数,其值在采用金刚石压头时为 0.2,采用钢球压头时为 0.26;C 为另一常数,代表指示器读数盘每一刻度,相当于压头压入被测材料的深度,其值为 0.002 mm;HR

---

* 硬度 HB 记为斜体时是量的符号,正体时是量的单位,余同。

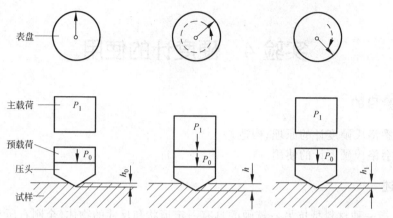

图 3-23 洛氏硬度测量原理示意图

为标注洛氏硬度的符号,单位为 HR。当采用金刚石压头及 1471 N(150 kgf)的总载荷试验时,应标注 HRC 单位为 HRC;当采用钢球压头及 980.7 N(100 kgf)总载荷试验时,则应标注 HRB 单位为 HRB。

HR 值为一无名数,测量时可直接由硬度计表盘读出。表盘上有红、黑两种刻度,红线刻度(内圈数值)的 30 和黑线刻度的 0 相重合,见图 3-24。

图 3-24 洛氏硬度计的刻度盘

为了扩大洛氏硬度的测量范围,可采用不同压头和总载荷配成不同的洛氏硬度标度,每一种标度用同一个字母在洛氏硬度符号 HR 后加以注明,常用的有 HRA,HRB,HRC 等三种。试验规范见表 3-7。

表 3-7 各种洛氏硬度值的符号、试验条件与应用

标度符号	压 头	总载荷/N	表盘刻度颜色	常用硬度范围	应 用 举 例
HRA	金刚石圆锥	588.4	黑线	70~85	碳化物、硬质合金、表面硬化工件等
HRB	(1/16)″钢球	980.7	红线	25~100	软钢、退火钢、铜合金等
HRC	金刚石圆锥	1471	黑线	20~67	淬火钢、调质钢等
HRD	金刚石圆锥	980.7	黑线	40~77	薄钢板、表面硬化工件等
HRE	(1/8)″钢球	980.7	红线	70~100	铸铁、铝、镁合金、轴承合金等
HRF	(1/16)″钢球	588.4	红线	40~100	薄硬钢板、退火铜合金等
HRG	(1/16)″钢球	1471	红线	31~94	磷青铜、铍青铜等

(2) 洛氏硬度计的构造及操作

洛氏硬度计类型较多,外形构造也各不相同,但构造原理及主要部件均相同。图 3-25 为洛氏硬度计机构示意图。

操作方法如下:

① 按表 3-7 选择压头及载荷。

② 根据试样大小和形状选用载物台。

③ 将试样上下两面磨平,然后置于载物台上。

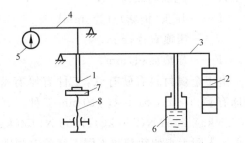

（a）硬度计外形

1—读数百分表；2—压头；3—载物台；

4—升降丝杠手轮；5—加载手柄；6—卸载手柄

（b）洛氏硬度计机构示意图

1—压头；2—载荷砝码；3—主杠杆；4—测量杠杆；

5—表盘；6—缓冲装置；7—载物台；8—升降丝杠

图 3-25　洛氏硬度计机构示意图

④ 加预载。按顺时针方向转动升降机构的手轮，使试样与压头接触，并观察读数百分表上小针移动至小红点为止。

⑤ 调整读数表盘，使百分表盘上的长针对准硬度值的起点。如试验 HRC，HRA 硬度时，把长针与表盘上黑字 C 处对准。试验 HRB 时，使长针与表盘上红字 B 处对准。

⑥ 加主载。平稳地扳动加载手柄，手柄自动升高至停止位置（时间为 5~7 s）并停留 10 s。

⑦ 卸主载。扳回加载手柄至原来位置。

⑧ 读硬度值。表上长针指示的数字为硬度的读数。HRC，HRA 读黑数字，HRB 读红线数字。

⑨ 下降载物台。当试样完全离开压头后，才可取下试样。

⑩ 用同样的方法在试样的不同位置测三个数据，取其算术平均值为试样的硬度。

各种洛氏硬度值之间，洛氏硬度与布氏硬度间都有一定的换算关系。对钢铁材料而言，大致有下列关系式：

$$HRC = 2HRA - 104$$
$$HB = 10HRC（HRC = 40~60 \text{ 范围}）$$
$$HB = 2HRB$$

4. 布氏硬度试验

（1）布氏硬度试验原理

用载荷 P 把直径为 D 的淬火钢球压入试件表面，并保持一定时间，而后卸除载荷，测量钢球在试样表面上所压出的压痕直径 d，从而计算出压痕球面积 F，然后再计算出单位面积所受的力（P/F 值），用此数字表示试件的硬度值，即为布氏硬度，用符号 HB 表示。布氏硬度试验原理如图 3-26 所示。

设压痕深度为 h,则压痕的球面积为

$$F = \pi DH = 0.5\pi D(D - \sqrt{D^2 - d^2})$$

$$HB = 0.102P/F$$

$$= 0.204P/[\pi D(D - \sqrt{D^2 - d^2})]$$

式中,P——施加的载荷,N;

$\quad\quad D$——压头(钢球)直径,mm;

$\quad\quad d$——压痕直径,mm;

$\quad\quad F$——压痕面积,mm。

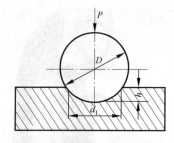

图 3-26   布氏硬度计试验原理示意图

由于金属材料有硬有软,工件有厚有薄,有大有小,为适应不同的情况,布氏硬度的钢球有 $\phi 2.5$ mm,$\phi 5$ mm,$\phi 10$ mm 三种。载荷有 153 N(15.6 kg)、613 N(62.5 kg)、1839 N(187.5 kg)、2452 N(250 kg)、7355 N(750 kg)、9807 N(1000 kg)、29 420 N(3000 kg)七种。当采用不同大小的载荷和不同直径的钢球进行布氏硬度试验时,只要能满足 P/D^2 为常数,则同一种材料测得的布氏硬度值是相同的。而不同材料所测得的布氏硬度值也可进行比较。国家标准规定 P/D^2 的比值为 30、10、2.5 三种。根据金属材料种类,试样硬度范围和厚度的不同,按照表 3-8 中的规范选择钢球直径 D,载荷 P 及载荷保持时间。在试样厚度和载面大小允许的情况下,尽可能选用直径大的钢球和大的载荷,这样更易反映材料性能的真实性。另外,由于压痕大,测量的误差也小。所以,测定钢的硬度时,尽可能用毫米钢球和3000 kg 的载荷。试验后的压痕直径应在 $0.25D < d < 0.6D$ 的范围内,否则试验结果无效。这是因为若 d 值太小,灵敏度和准确性将随之降低;若 d 值太大,压痕的几何形状不能保持相似的关系,影响试验结果的准确性。

将测量的压痕直径数值查表 3-9 即得试样硬度值。

表 3-8   布氏硬度试验规范

金属类型	布氏硬度范围 /HB	试件厚度 /mm	载荷 P 与直径 D 的关系	钢球直径 D /mm	载荷 P/kg (N)	载荷保持时间 /s
黑色金属	140~450	6~3 4~2 <2	$P = 30D^2$	10 5.0 2.5	3000(29 420) 750(7355) 187.5(1839)	10
	<140	>6 6~3 <3	$P = 10D^2$	10.0 5.0 2.5	1000(9807) 250(2452) 62.5(613)	10
有色金属	>130	6~3 4~2 <2	$P = 30D^2$	10 5.0 2.5	3000(29 420) 750(7355) 187.5(1839)	30
	36~130	9~3 6~3 <3	$P = 10D^2$	10 5.0 2.5	1000(9807) 250(2452) 62.5(613)	30
	8~35	>6 6~3 <3	$P = 2.5D^2$	10 5.0 2.5	250(2452) 62.5(613) 15.6(153)	30

表 3-9　压痕直径与布氏硬度对照表

压痕直径 ($d10,2d5$ 或 $4d2.5$) /mm	布氏硬度在下列载荷 P/N 下 /HB			压痕直径 ($d10,2d5$ 或 $4d2.5$) /mm	布氏硬度在下列载荷 P/N 下 /HB		
	$30D^2$ /0.102	$10D^2$ /0.102	$2.5D^2$ /0.102		$30D^2$ /0.102	$10D^2$ /0.102	$2.5D^2$ /0.102
2.00	(945)	(316)	—	3.50	302	101	25.2
2.05	(899)	(300)	—	3.52	298	99.5	24.9
2.10	(856)	(286)	—	3.54	295	98.3	24.6
2.15	(817)	(272)	—	3.56	292	97.2	24.3
2.20	(780)	(260)	—	3.58	288	96.1	24.0
2.25	(745)	(248)	—	3.60	285	95.0	23.7
2.30	(712)	(238)	—	3.62	282	93.5	23.5
2.35	(682)	(228)	—	3.64	278	92.8	23.2
2.40	(653)	(218)	—	3.66	275	91.8	22.9
2.45	(627)	(208)	—	3.68	272	90.7	22.7
2.50	601	200	—	3.70	269	89.7	22.4
2.55	578	193	—	3.72	266	88.7	22.2
2.60	555	185	—	3.74	263	87.7	21.9
2.65	534	178	—	3.76	260	86.8	21.7
2.70	515	171	—	3.78	257	85.8	21.5
2.75	495	165	—	3.80	255	84.9	21.2
2.80	477	159	—	3.82	252	84.0	21.0
2.85	461	154	—	3.84	249	83.0	20.8
2.90	444	148	—	3.86	246	82.1	20.5
2.95	429	143	—	3.88	244	81.3	20.3
3.00	415	138	34.6	3.90	241	80.4	20.1
3.02	409	136	34.1	3.92	239	79.6	19.9
3.04	404	134	33.7	3.94	236	78.7	19.7
3.06	398	133	33.2	3.96	234	77.9	19.5
3.08	393	131	32.7	3.98	231	77.1	19.3
3.10	388	129	32.3	4.00	229	76.3	19.1
3.12	383	128	31.9	4.02	226	75.5	18.9
3.14	378	126	31.5	4.04	224	74.7	18.7
3.16	373	124	31.1	4.06	222	73.9	18.5
3.18	368	123	30.7	4.08	219	73.2	18.3
3.20	363	121	30.3	4.10	217	72.4	18.1
3.22	359	120	29.9	4.12	215	71.7	17.9
3.24	354	118	29.5	4.14	213	71.0	17.7
3.26	350	117	29.2	4.16	211	70.2	17.6
3.28	345	115	28.8	4.18	209	69.5	17.4
3.30	341	114	28.4	4.20	207	68.8	17.2
3.32	337	112	28.1	4.22	204	68.2	17.0
3.34	333	111	27.7	4.24	202	67.5	16.9
3.36	329	110	27.4	4.26	200	66.8	16.7
3.38	325	108	27.1	4.28	198	66.2	16.5
3.40	321	107	26.7	4.30	197	65.5	16.4
3.42	317	106	26.4	4.32	195	64.9	16.2
3.44	313	104	26.1	4.34	193	64.2	16.1
3.46	309	103	25.8	4.36	191	63.6	15.9
3.48	306	102	25.5	4.38	189	63.0	15.8

压痕直径 ($d10$、$2d5$ 或 $4d2.5$) /mm	布氏硬度在下列载荷 P/N 下 /HB			压痕直径 ($d10$、$2d5$ 或 $4d2.5$) /mm	布氏硬度在下列载荷 P/N 下 /HB		
	$30D^2$ /0.102	$10D^2$ /0.102	$2.5D^2$ /0.102		$30D^2$ /0.102	$10D^2$ /0.102	$2.5D^2$ /0.102
4.40	187	62.4	15.6	5.00	144	47.5	11.9
4.42	185	61.8	15.5	5.05	140	46.5	11.6
4.44	184	61.2	15.3	5.10	137	45.5	11.4
4.46	182	60.6	15.2	5.15	134	44.6	11.2
4.48	180	60.1	15.0	5.20	131	43.7	10.9
4.50	179	59.5	14.9	5.25	128	42.8	10.7
4.52	177	59.0	14.7	5.30	126	41.9	10.5
4.54	175	58.4	14.6	5.35	123	41.0	10.3
4.56	174	57.9	14.5	5.40	121	40.2	10.1
4.58	172	57.3	14.3	5.45	118	39.4	9.9
4.60	170	56.8	14.2	5.50	116	38.6	9.7
4.62	169	56.3	14.1	5.55	114	37.9	9.5
4.64	167	55.8	13.9	6.60	111	37.1	9.3
4.66	166	55.3	13.8	5.65	109	35.4	9.1
4.68	164	54.8	13.7	5.70	107	35.7	8.9
4.70	163	54.3	13.6	5.75	105	35.0	8.8
4.72	161	53.8	13.4	5.80	103	34.3	8.6
4.74	160	53.3	13.3	5.85	101	33.7	8.4
4.76	158	52.8	13.2	5.90	99.2	33.1	8.3
4.78	157	52.3	13.1	5.95	97.3	32.4	8.1
4.80	156	51.9	13.0	6.00	(95.5)	31.8	8.0
4.82	154	51.4	12.9	6.05	(93.7)	—	—
4.84	153	51.0	12.8	6.10	(92.0)	—	—
4.86	152	50.5	12.6	6.15	(90.3)	—	—
4.88	150	50.1	12.5	6.20	(88.7)	—	—
4.90	149	49.6	12.4	6.25	(87.1)	—	—
4.92	148	49.2	12.3	6.30	(85.5)	—	—
4.94	146	48.8	12.2	6.35	(84.0)	—	—
4.96	145	48.4	12.1	6.40	(82.5)	—	—
4.98	144	47.9	12.0	6.45	(81.0)	—	—

　　注：① 表中压痕直径为 ϕ10 mm 钢球试验数值，如用 ϕ5 mm 或 ϕ2.5 mm 钢球试验时，则所得压痕直径应分别增加 2 倍或 4 倍。例如用 ϕ5 mm 钢球在 750 kg 载荷作用下所得压痕直径为 1.65 mm，则在查表时应采用 3.30 mm（即 1.65×2＝3.30），而其相应硬度值为 341。

　　② 根据 GB 231—63 规定，压痕直径的大小应在 $0.25D<d<0.6D$ 范围内，故表中对此范围以外的硬度值均加括号，表示仅供参考。

　　③ 表中未列出压痕直径的硬度值，可根据其上下两数值用内插法计算求得。

　　布氏硬度值的表示方法是：若用 10 mm 钢球，在 29 420 N(3000 kg) 载荷下保持 10 s，测得布氏硬度值为 400 时，可表示为 400 HB。

　　在其他试验条件下，符号 HB 应以相应的指数注明钢球直径、载荷大小及载荷保持的时间。例如，100HB5/250/30 即表示：用 5 mm 直径钢球，在 2452 N(250 kg) 载荷下保持 30 s 时，所测得的布氏硬度为 100。

　　(2) 布氏硬度试验的优缺点

　　因布氏硬度试验压痕面积较大，其硬度值代表性较全面。因此特别适用于测定灰口铸铁、轴承合金和具有粗大晶粒的金属材料,试验数据较稳定,重复性也强。布氏硬度值和强度极限 σ_b 的关系见表 3-10。其换算式为经验公式,知道硬度后可以粗略地估计其他某些力学性能,但铸铁不能用此经验公式。

表 3-10 硬度值与 σ_b 的关系

材　料	硬度值/HB	硬度值与 σ_b 近似换算式
钢	125～175	$\sigma_b \approx 3.36\ HB$　（MPa）
钢	>175	$\sigma_b \approx 3.55\ HB$　（MPa）
铸铝合金	—	$\sigma_b \approx 2.55\ HB$　（MPa）
退火黄铜、青铜	—	$\sigma_b \approx 5.39\ HB$　（MPa）
冷加工后黄铜、青铜	—	$\sigma_b \approx 3.92\ HB$　（MPa）

布氏硬度用的压头是淬火钢球。由于钢球本身存在变形和硬度问题,所以不能测试太硬的材料,一般大于 450 HB 的材料即不能使用。布氏硬度压痕较大,产品检验时有困难。试验过程比洛氏硬度复杂,不能在硬度计上直接读数,还需用带刻度的低倍放大镜测出压痕直径,然后通过查表或计算才能得到布氏硬度值。

布氏硬度试验常用于测定铸铁、有色金属、低合金结构钢等的原材料以及结构钢调质后的硬度。各种硬度值的换算见表 3-11。

表 3-11 布氏、维氏、洛氏硬度值的换算表
（以布氏硬度试验时测得的压痕直径为准）

$D=10$ mm $P=29\ 420$ N 时的压痕直径/mm	硬度					$D=10$ mm $P=29\ 420$ N 时的压痕直径/mm	硬度				
	/HB	/HV	/HRB	/HRC	/HRA		/HB	/HV	/HRB	/HRC	/HRA
2.20	780	1220	—	72	89	3.15	375	390	—	40	71
2.25	745	1114	—	69	87	3.20	363	380	—	39	70
2.30	712	1021	—	67	85	3.25	352	361	—	38	69
2.35	682	940	—	65	84	3.30	341	344	—	37	69
2.40	653	867	—	63	83	3.35	331	333	—	36	68
2.45	627	803	—	61	82	3.40	321	320	—	35	68
2.5	601	746	—	59	81	3.45	311	312	—	34	67
2.55	578	694	—	58	80	3.50	302	305	—	33	67
2.60	555	649	—	56	79	3.55	293	291	—	31	66
2.65	534	606	—	54	78	3.60	285	285	—	30	66
2.70	514	587	—	52	77	3.65	277	278	—	29	65
2.75	495	551	—	51	76	3.70	269	272	—	28	65
2.80	477	534	—	49	76	3.75	262	261	—	27	64
2.85	461	502	—	48	75	3.80	255	255	—	26	64
2.90	444	474	—	47	74	3.85	248	250	—	25	63
2.95	429	460	—	45	73	3.90	241	246	100	24	63
3.00	415	435	—	44	73	3.95	235	235	99	23	62
3.05	401	423	—	43	72	4.00	225	220	98	22	62
3.10	388	401	—	41	71	4.05	223	221	97	21	61

续表

$D=10$ mm $P=29\,420$ N 时的压痕直径 /mm	硬 度					$D=10$ mm $P=29\,420$ N 时的压痕直径 /mm	硬 度				
	/HB	/HV	/HRB	/HRC	/HRA		/HB	/HV	/HRB	/HRC	/HRA
4.10	217	217	97	20	61	5.00	143	144	77	—	50
4.15	212	213	96	19	60	5.05	140	—	76	—	—
4.20	207	209	95	18	60	5.10	137	—	75	—	—
4.25	201	201	94	—	59	5.15	134	—	74	—	—
4.30	197	197	93	—	58	5.20	131	—	72	—	—
4.30	192	190	92	—	58	5.25	128	—	71	—	—
4.40	187	186	91	—	57	5.30	126	—	69	—	—
4.45	183	183	89	—	56	5.35	123	—	69	—	—
4.50	179	179	88	—	56	5.40	121	—	67	—	—
4.55	174	174	87	—	55	5.45	118	—	66	—	—
4.60	171	171	86	—	55	5.50	116	—	65	—	—
4.65	165	165	85	—	54	5.55	114	—	64	—	—
4.70	162	162	84	—	53	5.60	111	—	62	—	—
4.75	159	159	83	—	53	5.70	107	—	59	—	—
4.80	156	154	82	—	52	5.80	103	—	57	—	—
4.85	152	152	81	—	52	5.90	99	—	54	—	—
4.90	149	149	80	—	51	6.00	95.5	—	52	—	—
4.95	146	147	78	—	50						

5. 实验内容

(1) 学习洛氏硬度计的使用。

(2) 测量热处理试样的洛氏硬度值。

6. 实验报告要求

(1) 简述洛氏硬度计的操作规程。

(2) 给出热处理试样的洛氏硬度值。

实验 5 常用工程材料的显微组织观察

1. 实验目的

（1）观察几种常用合金钢、有色金属、铸铁和金属陶瓷（硬质合金）及纤维增强树脂的显微组织。

（2）分析这些材料的组织和性能的关系及其应用。

2. 概述

1）几种常用合金钢的显微组织

一般合金结构钢、合金工具钢都是低合金钢，由于加入合金元素较少，铁碳相图虽发生一些变动，但其平衡状态的显微组织与碳钢的显微组织并没有本质的区别。低合金钢热处理后的显微组织与碳钢热处理后的显微组织也没有根本的不同，差别只是在于合金元素使 C 曲线右移（除 Co 外），即以较低的冷却速度可获得马氏体组织。例如 40Cr 钢经调质处理后的显微组织和 40 钢调质的显微组织完全相同，都是回火索氏体（见图 3-27）；GCr15 钢（轴承钢）840℃油淬低温回火试样的显微组织，与 T12 钢 780℃水淬低温回火试样的显微组织也是一样的，都得到回火马氏体＋碳化物＋残余奥氏体组织（见图 3-28）。

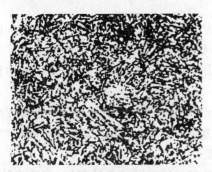

图 3-27 40Cr 钢调质处理后显微组织

图 3-28 GCr15 钢淬火回火后显微组织

（1）高速钢 是一种常用的高合金工具钢，例如 W18Cr4V。因为它含有大量合金元素，使铁碳相图中的 E 点大大向左移，以至它虽然碳质量分数只有 0.7%～0.8%，但已经含有莱氏体组织，所以称为莱氏体钢。

高速钢平衡结晶的室温组织与亚共晶白口铸铁的组织相似，由珠光体、碳化物和莱氏体组成。但在实际铸造条件下冷速较快，奥氏体会转变为屈氏体或马氏体，高速钢铸态组织中莱氏体由合金碳化物和屈氏体或马氏体组成。莱氏体沿晶界呈宽网状分布，莱氏体中的碳化物粗大，呈骨架状，不能靠热处理消除，必须进行锻造打碎。锻造退火后高速钢的显微组织由索氏体和碳化物所组成。

高速钢优良的热硬性及高的耐磨性，只有经淬火及回火后才能获得。它的淬火温度较高，为 1270～1280℃，以使奥氏体充分合金化，保证最终有高的热硬性。淬火时可在油中或空气中冷却。淬火组织为马氏体、碳化物和残余奥氏体。由于淬火组织中存在有大量 (25%～30%)的残余奥氏体,一般都进行 560℃ 三次回火。经淬火和三次回火后,高速钢的组织为回火马氏体＋碳化物＋少量残余奥氏体(2%～3%)(见图 3-29)。

　　(2) 不锈钢　是在大气、海水及其他浸蚀性介质条件下能稳定工作的钢种,大都属于高合金钢,例如应用很广的 1Cr18Ni9 即 18-8 钢。因为碳不利于防锈,它的碳含量较低,高的铬含量是保证耐蚀性的主要因素;镍除了进一步提高耐蚀能力以外,主要是为了获得奥氏体组织。这种钢在室温下的平衡组织是奥氏体＋铁素体＋$(Cr,Fe)_{23}C_6$。为了提高耐蚀性,可以进行固溶处理,加热到 1050～1150℃,使碳化物等全部溶解,然后水冷,即可在室温下获得单一的奥氏体组织(见图 3-30)。

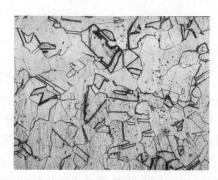

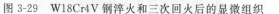

图 3-29　W18Cr4V 钢淬火和三次回火后的显微组织　　图 3-30　1Cr18Ni9 钢固溶处理后的显微组织

2) 铸铁的显微组织

　　依照结晶过程中石墨化程度的不同,铸铁可分为白口铸铁、灰口铸铁和麻口铸铁。白口铸铁具有莱氏体组织而没有石墨,即全部碳均以渗碳体的形式存在;灰口铸铁中没有莱氏体,碳主要以石墨的形式存在。灰口铸铁的组织是由基体和石墨所组成,其性能由基体和石墨两方的特点来决定。

　　在灰口铸铁中,由于石墨的强度和塑性几乎等于零,可以把这种铸铁看成是布满裂纹或空洞的钢,所以其抗拉强度与塑性远比钢低。且石墨数量越多,尺寸越大或分布越不均匀,则对基体的削弱割裂作用越大,铸铁的性能也就越差。

　　根据石墨化第三阶段发展程度的不同,灰口铸铁有三种不同的基体组织,即珠光体、珠光体＋铁素体和铁素体。铁素体基体的铸铁韧性最好,而以珠光体为基体的铸铁的抗拉强度最高。

　　按照石墨的形状,铸铁大致分为以下几种:

　　(1) 灰铸铁　一般灰铸铁中石墨呈粗大片状,如图 3-31 所示。在铸铁浇注前往铁水中加入孕育剂增多石墨结晶核心时,石墨以细小片状的形式分布,这种铸铁叫做孕育铸铁。一般灰铸铁的基体可以有珠光体、铁素体和珠光体＋铁素体三种。孕育铸铁的基体多为珠光体。

　　(2) 球墨铸铁　在铁水中加入球化剂,浇注后石墨呈球形析出,因而大大削弱了对基体的割裂作用,使铸铁的性能显著提高。球墨铸铁的组织主要有铁素体基体和

图 3-31　灰铸铁的显微组织

珠光体基体两种。图 3-32 为球墨铸铁的显微组织。

（3）可锻铸铁　可锻铸铁又称展性铸铁，它是由白口铸铁经石墨化退火处理而得到。其中的石墨呈团絮状，也显著地减弱了对基体的割裂作用，因而使铸铁的力学性能比普通灰铸铁有明显的提高（见图 3-33）。

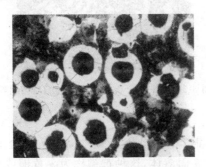

图 3-32　球墨铸铁的显微组织

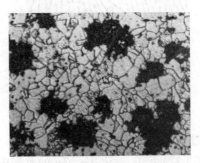

图 3-33　可锻铸铁的显微组织

3）几种常用有色金属的显微组织

（1）铝合金

铝硅合金是应用最广泛的一种铸造铝合金，常称为硅铝明，典型的牌号为 ZL102，含硅 11％～13％，从 Al-Si 合金相图（见图 3-34）可知，其成分在共晶点附近，因而具有优良的铸造性能，即流动性好，产生铸造裂纹的倾向小，但铸造后得到的组织是粗大针状的硅晶体和 α 固溶体所组成的共晶体（含少量呈多面体状的初生硅晶体，见图 3-35）。粗大的硅晶体极脆，因而严重地降低了合金的塑性和韧性。为了改善合金性能，可采用变质处理。即在浇注前在合金液体中加入质量分数为 2％～3％的变质剂（常用如 2/3NaF＋1/3NaCl 的钠盐混合物）。由于钠能促进 Si 的生核，并能吸附在硅的表面阻碍它长大，使合金组织大大细化，同时使共晶点右移，而原合金成分变为亚共晶成分，所以变质处理后的组织是细小均匀的共晶体＋初生 α 固溶体＋二次析出的 Si。共晶体中的硅细小（见图 3-36），因而使合金的强度与塑性显著改善。

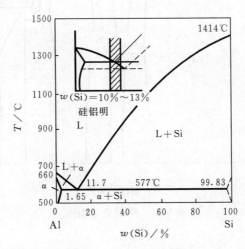

图 3-34　Al-Si 合金相图

图 3-35　Al-Si 合金(未变质处理)的显微组织

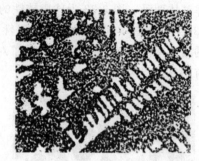

图 3-36　Al-Si 合金(变质处理)的显微组织

(2) 铜合金

最常用的铜合金为黄铜(Cu-Zn 合金)和青铜(Cu-Sn 合金)。由铜-锌合金相图(见图 3-37)可知,少于 36%Zn 的黄铜中组织为单相 α 固溶体,这种黄铜称为 α 黄铜或单相黄铜。单相黄铜 H70 经变形及退火后,其 α 晶粒呈多边形,并有大量退火孪晶(见图 3-38)。单相黄铜具有良好的塑性,可进行各种冷变形。w(Zn) 为 36%～45% 的黄钢具有 α＋β′ 两相组织,称为双相黄铜。双相黄铜 H62 的显微组织中,α 相呈亮白色,β′ 相为黑色(见图 3-39)。β′ 相是以 CuZn 电子化合物为基的有序固溶体,在低温下较硬、较脆,但在高温下有较好的塑性,所以双相黄铜可以进行热压力加工。

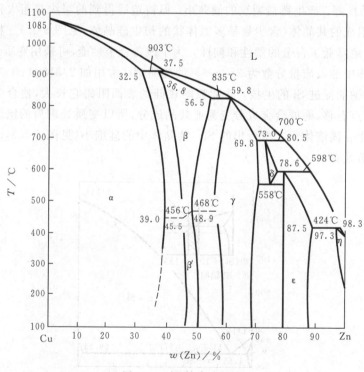

图 3-37　铜-锌合金相图

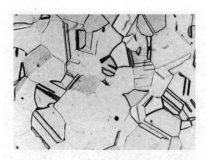

图 3-38　单相黄铜的显微组织

图 3-39　双相黄铜的显微组织

（3）轴承合金

锡基轴承合金（锡基巴氏合金）是一种软基体硬质点类型的轴承合金。锡基轴承合金 ZSnSb11Cu6 中锡、锑、铜的质量分数分别是 83％、11％ 和 6％。ZSnSb11Cu6 的显微组织为 $\alpha + \beta' +$ Cu_6Sn_5（见图 3-40）。其中黑色部分是 Sb 溶于 Sn 中形成的固溶体 α 相，为软基体。白色方块是以化合物 SnSb 为基的固溶体 β' 相，为硬质点。白针状或星状组成物是 Cu_6Sn_5。锡基轴承合金铸造时，由于 β' 相密度小易上浮造成严重的密度偏析，加入铜，生成树枝状分布的 Cu_6Sn_5，可以阻止 β' 相上浮，使合金获得较均匀的组织。Cu_6Sn_5 的硬度比 β' 相高，也起硬质点作用。这种软基体硬质点混合组织能保证轴承合金具有必要的强度、塑性和韧性，以及良好的耐磨性。

图 3-40　轴承合金 ZSnSb11Cu6 的
显微组织

4）金属陶瓷（硬质合金）及纤维增强树脂复合材料的显微组织

以粉末冶金工艺制得的 WC-Co 及 WC-TiC-Co 等类合金称为金属陶瓷，也叫硬质合金，其制造过程包括制粉、混料、成形、烧结等工艺，与普通陶瓷的制造工艺相似。

WC-Co 类硬质合金的显微组织一般由两相组成：WC＋Co 相。WC 为三角形、四边形及其他不规则形状的白色颗粒；Co 相是 WC 溶于 Co 内的固溶体，作为粘结相，呈黑色。随着含 Co 量的增加，Co 相增多（见图 3-41）。

WC-TiC-Co 类硬质合金的显微组织一般由三相组成：WC＋Ti 相＋Co 相。WC 为三角形、四边形及其他不规则形状的白色颗粒，Ti 相是 WC 溶于 TiC 内的固溶体，在显微镜下呈黄色；Co 相是 WC、TiC 溶于 Co 内的固溶体，作为粘结相，呈黑色（见图 3-42）。

金属陶瓷硬质合金熔点高、硬度很高，具有高的耐磨性及热硬性，可作刀具、耐磨零件或模具。金属陶瓷硬质合金属于颗粒复合材料。

纤维增强树脂是一种纤维复合材料。韧性好的树脂作为基体，可阻碍材料中裂纹的扩展。纤维的抗拉强度高，主要承受外加载荷的作用。玻璃纤维增强树脂的显微组织为玻璃纤维＋树脂。在显微镜下可观察到纤维的编织形态及断面形状（见图 3-43 和图 3-44）。

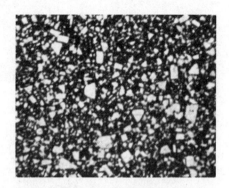

图 3-41　YG3 的显微组织

图 3-42　YT14 的显微组织

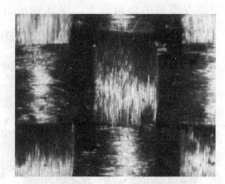

图 3-43　玻璃纤维增强树脂表面的显微组织

图 3-44　玻璃纤维增强树脂断面的显微组织

3. 实验内容

（1）观察表 3-12 所列样品的显微组织。

表 3-12　样品材料及处理工艺

样品序号	材料名称	处 理 工 艺	浸 蚀
1	W18Cr4V	1280℃油淬 560℃三次回火	4%硝酸酒精（体积分数）
2	12Cr18Ni9(1Cr18Ni9)	固溶处理	王水溶液
3	灰铸铁	铸造	4%硝酸酒精（体积分数）
4	球墨铸铁	铸造	4%硝酸酒精（体积分数）
5	可锻铸铁	铸造＋可锻化退火	4%硝酸酒精（体积分数）
6	Al-Si 合金	铸造（未变质处理）	0.5%HF 水溶液（体积分数）
7	Al-Si 合金	铸造（变质处理）	0.5%HF 水溶液（体积分数）
8	α 黄铜	退火	3%$FeCl_3$＋10%HCl 的水溶液（质量分数）
9	α＋β 黄铜	退火	3%$FeCl_3$＋10%HCl 的水溶液（质量分数）
10	轴承合金	铸态	4%硝酸酒精（体积分数）
11	YG3	粉末冶金烧结	三氯化铁盐酸溶液腐蚀 1 min，水洗后于 20%氢氧化钾＋20%铁氰化钾（质量分数）水溶液中腐蚀 3 min
12	玻璃纤维增强树脂复合材料	纤维编织后树脂固化	清除表层树脂，横断面抛光

(2) 画出各种样品的显微组织示意图,并标明各种组织组成物的名称。

(3) 说明各种样品的显微组织的特点。

4. 实验报告要求

(1) 写出实验目的。

(2) 画出各种样品的显微组织示意图,并标明各种组织组成物的名称。

(3) 说明表 3-12 中各种材料的显微组织特点、性能特点和用途。

5. 思考题

(1) 合金钢与碳钢比较组织上有什么不同,性能上有什么差别,使用上有什么优越性?

(2) 为什么大型发电机组中汽轮机转子和小板牙必须采用合金钢制造?

(3) 高速钢(W18Cr4V)的热处理工艺是如何进行的? 有何特点?

(4) 铸造 Al-Si 合金的成分是如何考虑的? 为何要进行变质处理? 变质处理与未变质处理的 Al-Si 合金组织与性能有何变化?

*实验 6　金相试样的制备

1. 实验目的

（1）了解金相试样的制备过程。
（2）学会金相试样的制备技术。

2. 概述

为了在金相显微镜下确切地、清楚地观察到金属内部的显微组织，金属试样必须进行精心的制备。试样制备过程包括取样、镶嵌、磨制、抛光、浸蚀等工序。现简要叙述如下。

1）取样

取样部位及观察面的选择，必须根据被分析材料或零件的失效特点、加工工艺的性质以及研究的目的等因素来确定。

例如，研究铸造合金时，由于它的组织不均匀，应从铸件表面、中心等典型区域分别切取试样，全面地进行金相观察。

研究零件的失效原因时，应在失效的部位取样，并在完好的部位取样，以便作比较性的分析。

对于轧材，如研究材料表层的缺陷和非金属夹杂物的分布时，应在垂直轧制方向上切取横向试样；研究夹杂物的类型、形状、材料的变形程度、晶粒被拉长的程度、带状组织等，应在平行于轧向切取纵向试样。

在研究热处理后的零件时，因为组织较均匀可自由选取断面试样。对于表面热处理后的零件，要注意观察表面情况，如氧化层、脱碳层、渗碳层等。

取样时，要注意取样方法，应保证不使试样被观察面的金相组织发生变化。对于软材料可用锯、车等方法；硬材料可用水冷砂轮切片机切取或电火花线切割；硬而脆的材料（如白口铸铁），可用锤击；大件可用氧气切割，等等。

试样尺寸不要太大，一般以高度为 10～15 mm，观察面的边长或直径为 15～25 mm 的方形或圆柱形较为合适。

2）镶样

一般试样不需镶样。尺寸过于细小，如细丝、薄片细管或形状不规则，以及有特殊要求（例如要求观察表层组织）的试样，制备时比较困难，则必须把它镶嵌起来。

镶样方法很多，有低熔点合金的镶嵌、电木粉镶嵌、环氧树脂镶嵌，夹具夹持法等。目前一般多用电木粉镶嵌，采用专门的镶样机。用电木粉镶嵌时要加一定的温度和压力，这可使马氏体回火和软金属产生塑性变形。在这种情况下，可改用夹具夹持法。

可以用环氧树脂加凝固剂来镶嵌试样，其配方如下：环氧树脂 100 g，磷苯二甲酸二丁酯 20 g，乙二胺 20 g。但必须停留 7～8 h 后方可使用。

---

* 选做实验

3）磨制

（1）粗磨

软材料（有色金属）可用锉刀锉平。一般钢铁材料通常在砂轮机上磨平，磨样时应利用砂轮侧面，以保证试样磨平。打磨过程中，试样要不断用水冷却，以防温度升高引起试样组织变化。另外，试样边缘的棱角如没有保存的必要，可最后磨圆（倒角），以免在细磨及抛光时划破砂纸或抛光布。

（2）细磨

细磨有手工磨和机械磨两种。手工磨是用手拿持试样，在金相砂纸上磨平。我国金相砂纸按粗细分为 01 号、02 号、03 号、04 号、05 号几种。细磨时，依次从 01 号磨至 05 号。必须注意，每更换一道砂纸时，应将试样的磨制方向调转 90°即与上一道磨痕方向垂直，以便观察上一道磨痕是否被磨去。另外，在磨制软材料时，可在砂纸上涂一层润滑剂，如机油、汽油、甘油、肥皂水等，以免砂粒嵌入试样磨面。

为了加快磨制速度，减轻劳动强度，可采用在转盘上贴水砂纸的预磨机进行机械磨光。水砂纸按粗细有 200 号、300 号、400 号、500 号、600 号、700 号、800 号、900 号等。用水砂纸盘磨制时，要不断加水冷却，由 200 号逐次磨到 900 号砂纸，每换一道砂纸，将试样用水冲洗干净，并调换 90°方向。

4）抛光

细磨后的试样还需进行抛光，目的是去除细磨时遗留下的磨痕，以获得光亮而无磨痕的镜面。试样的抛光有机械抛光、电解抛光和化学抛光等方法。

（1）机械抛光

机械抛光在专用抛光机上进行。抛光机主要由一个电动机和被带动的一个或两个抛光盘组成，转速为 200～600 r/min。抛光盘上放置不同材质的抛光布。粗抛时常用帆布或粗呢，精抛时常用绒布、细呢或丝绸，抛光时在抛光盘上不断滴注抛光液，抛光液一般采用 Al_2O_3、MgO 或 Cr_2O_3 等粉末（粒度约为 0.3～1 μm）在水中的悬浮液（每升水中加入 Al_2O_3：5～10 g），或在抛光盘上涂以由极细金刚石粉制成的膏状抛光剂。抛光时应将试样磨面均匀地、平正地压在旋转的抛光盘上。压力不宜过大，并沿盘的边缘到中心不断作径向往复移动。抛光时间不宜过长，试样表面磨痕全部消除而呈光亮的镜面后，抛光即可停止。试样用水冲洗干净，然后进行浸蚀，或直接在显微镜下观察。

（2）电解抛光

电解抛光时把磨光的试样浸入电解液中，接通试样（阳极）与阴极之间的电源（直流电源）。阴极为不锈钢板或铅板，并与试样抛光面保持一定的距离。当电流密度足够大时，试样磨面即产生选择性的溶解，靠近阳极的电解液在试样表面上形成一层厚度不均的薄膜。由于薄膜本身具有较大电阻，并与其厚度成正比，如果试样表面高低不平，则突出部分薄膜的厚度要比凹陷部分的薄膜厚度薄些，因此突出部分电流密度较大，溶解较快，于是，试样最后形成平坦光滑的表面。

电解抛光用的电解液一般由以下三种成分组成：

① 氧化性酸　是电解液的主要成分，如过氯酸、铬酸和正磷酸等；

② 溶媒　用以冲淡酸液，并能溶解在抛光过程中磨面所产生的薄膜，如酒精、醋酸酐和冰醋酸等；

③ 一定数量的水。

（3）化学抛光

化学抛光的实质与电解抛光相类似，也是一个表层溶解过程，但它完全是靠化学溶剂对于不均匀表面所产生的选择性溶解来获得光亮的抛光面的。它操作简便，抛光时将试样浸在抛光液中，或用棉花蘸取抛光液，在试样磨面上来回擦洗。化学抛光兼有化学浸蚀的作用，能显示金相组织。因此试样经化学抛光后可直接在显微镜下观察。

除观察试样中某些非金属夹杂物或铸铁中的石墨等情况外，金相试样磨面经抛光后，还须进行浸蚀。

常用化学浸蚀法来显示金属的显微组织。对不同的材料，显示不同的组织，可选用不同的浸蚀剂。常用浸蚀剂见表3-13～表3-15。

表 3-13　钢和铸铁的常用浸蚀剂

序号	浸蚀剂名称	成　分	浸蚀条件	用　途
1	硝酸、酒精溶液	HNO_3：2～5 ml 乙醇：加到 100 ml	浸蚀数秒到 1 min	浸蚀各种热处理或化学热处理后的铸铁、碳钢和低合金钢
2	苦味酸、酒精溶液	苦味酸：5 g 乙醇：100 ml	浸蚀数秒到 1 min	浸蚀各种热处理或化学热处理后的铸铁、碳钢和低合金钢
3	碱性、苦味酸钠溶液	$NaOH$：25 g 苦味酸：2 g H_2O：100 ml	加热到 100℃ 使用，浸蚀 5～25 min，浸蚀后慢冷	显示钢中的碳化物，碳化物被染成黑色
4	硫酸铜、氯化铜、氯化镁溶液	$CuSO_4$：1.25 g $CuCl_2$：2.5 g $MgCl_2$：10 g HCl：2 g H_2O：100 ml 乙醇：加到 1000 ml	浸入法浸蚀	显示渗氮零件的氮化层及过渡层组织

表 3-14　合金钢的常用浸蚀剂

序号	浸蚀剂名称	成　分	浸蚀条件	用　途
1	混合酸甘油溶液	HNO_3：10 ml HCl：20～30 ml 甘油：20～30 ml	用时稍加热	显示高速钢、高锰钢、镍铬合金等组织
2	氯化铁、盐酸水溶液	$FeCl_3$：5 g HCl：50 ml H_2O：100 ml	浸蚀 1～2 min	显示奥氏体镍钢及不锈钢的组织
3	硫酸铜、盐酸水溶液	$CuSO_4$：4 g HCl：20 ml H_2O：20 ml	用时稍加热	显示不锈钢组织
4	硝酸、醋酸混合酸	HNO_3：30 ml 醋酸：20 ml	揩拭法浸蚀	用于显示不锈钢合金及高镍高合金组织

表 3-15 有色金属的常用浸蚀剂

序号	浸蚀剂名称	成　分	浸蚀条件	用　途
1	过硫酸铵水溶液	$(NH_4)_2S_2O$：10 g H_2O：90 ml	冷热使用均可	铜、黄铜、青铜、铝青铜
2	氯化铁、盐酸水溶液	$FeCl_3$：5 g HCl：50 ml H_2O：100 ml	揩拭法浸蚀	铜、黄铜、铝青铜、磷青铜
3	氢氟酸、盐酸水溶液	HF：10 ml HCl：15 ml H_2O：90 ml	浸蚀 10～20 s	铝及铝合金
4	硝酸水溶液	HNO_3：25 ml H_2O：75 ml	60～70℃热浸蚀	铝及铝合金
5	草酸溶液	草酸：2 g H_2O：98 ml	揩拭法浸蚀 2～5 s	显示铸造及形变后镁合金组织
6	硝酸、醋酸溶液	HNO_3：50 ml 醋酸酐：50 ml	浸蚀 5～20 s	纯镍、铜镍合金。镍质量分数低于 25％的镍合金,浸蚀剂需加 25％～50％（体积分数）丙酮稀释
7	硝酸、酒精溶液	HNO_3：2～5 ml 乙醇：100 ml	浸蚀数分钟	锡及锡合金
8	5％盐酸水溶液	HCl(1.49 g/ml)：5 ml H_2O：95 ml	浸蚀 1～10 min	锌及锌合金
9	王水	HNO_3：10 ml HCl：30 ml	热浸蚀 1～2 min	显示金、银及其合金的组织

浸蚀时叮将试样磨面浸入浸蚀剂中,也可用棉花蘸浸蚀剂擦拭表面。浸蚀的深浅根据组织的特点和观察时的放大倍数来确定。高倍观察时,浸蚀要浅一些,低倍略深一些。单相组织浸蚀重一些,双相组织浸蚀轻些。一般浸蚀到试样磨面稍发暗时即可。浸蚀后用水冲洗。必要时再用酒精清洗,最后用吸水纸(或毛巾)吸干,或用吹风机的冷风吹干。

3. 实验内容

(1) 制备 1 块纯铁或 45 钢(退火态)的金相试样。

(2) 用视频显微分析仪摄制所制备的金相试样的显微组织。

4. 实验报告要求

(1) 简述金相试样制备过程。

(2) 附上所制备的金相试样的显微组织图。

*实验7   高分子材料的力学性能特点研究

1. 实验目的

(1) 了解微型材料试验机的构造和适用范围,学会微型材料试验机的使用。

(2) 掌握高分子材料的力学性能特点。

2. 概述

高分子材料的力学性能与金属材料相比有很大的不同。高聚物的强度平均为 100 MPa,比金属低得多,但由于其重量轻、密度小,许多高聚物的比强度还是很高的。高聚物的弹性变形量大,可达到 $100\% \sim 1000\%$,而一般金属材料只有 $0.1\% \sim 1.0\%$。其强度主要受温度和变形速度的影响。随着温度的升高,高聚物的力学状态发生变化,在脆化温度 T_b 以下,高聚物处于硬玻璃态;在 $T_b \sim T_c$ 之间处于软玻璃态;在略高于 T_g 时处于皮革态;在高于 T_g 较多时处于橡胶态;在接近于粘流温度 T_f 时处于半固态。相应地,高聚物的性能由硬脆、强韧、柔软发生变化。有机玻璃具有这类典型的变化规律。载荷作用的时间影响转变过程。作用较慢时,分子链来得及发生位移,呈韧性状态。低速拉伸时强度较低,伸长率较大,发生韧性断裂。加载速度较高时,链段来不及运动,表现出脆性行为。

高聚物的弹性模量低,约为 $2 \sim 20$ MPa,一般金属材料为 $10^3 \sim 2 \times 10^5$ MPa。高聚物由许多很长的分子组成,加热时分子链的一部分受热,其他部分不会受热或少受热,因此材料不会立即熔化,而先有一软化过程,所以表现出明显的塑性。处于高弹态的橡胶,在温度较低和分子量很高时是这样。处于玻璃态的塑料(如聚乙烯等热塑性塑料),当温度较高时也具有这样的性能。高聚物的内在韧性较好,即在断裂前能吸收较大的能量。但是由于强度低,高聚物的冲击韧性比金属小得多,仅为金属的百分之一左右。

由于高分子材料的强度较低,在测定高分子材料板材、棒材的强度、塑性等力学性能时采用小型材料试验机,在测定高分子材料薄膜的力学性能时采用微型材料试验机。

MiniMAT2000 微型材料试验机用于高分子材料、纤维、薄膜和复合材料的应力-应变试验、应力松弛试验和蠕变试验。测试全过程微机控制,精度高。测试结果自动记录、测试数据自动处理和分析,便于网络传输。

其主要技术指标:

负载范围:$20 \sim 1000$ N;

步进电机速度:$0.01 \sim 99.99$ mm/min;

夹头行程:100 mm;

样品最大宽度:25 mm。

MiniMAT2000 微型材料试验机操作规程:

(1) 检查电源,确保仪器在规定电压(220 V,50 Hz)及规定接线下工作,接通电源;

(2) 打开计算机在 WIN95 下运行 MiniMAT 控制软件;

(3) 选择载荷梁;

（4）接通小型材料试验机电源。手动调节夹头间距到大致试样长度位置，并按要求正确安装试样；

（5）选择试验参数、试验模式；

（6）运行试验，有关信息可在在线帮助中查找；

（7）存储和输出试验数据；

（8）分析和整理数据表格及图形；

（9）试验完毕关闭软件及电源。

MiniMAT2000 微型材料试验机操作注意事项：试验前应检查限位开关位置正确，并确保固定；压缩试验时，请勿过载，否则会增大负载梁破坏的危险。

3. 实验内容

（1）了解微型材料试验机的构造和适用范围，学习微型材料试验机的使用。

（2）用微型材料试验机测定高分子材料薄膜（或教师选定的其他材料）的应力-应变曲线。

4. 实验报告要求

（1）简述微型材料试验机的操作过程。

（2）附上所测定的高分子材料薄膜的应力-应变曲线图。

（3）简述高分子材料的力学性能特点。

* 实验 8 显微硬度计的原理及应用

1. 实验目的

(1) 了解显微硬度计的原理及在工程材料研究中的应用。

(2) 学会显微硬度计的使用。

2. 概述

对于金属薄镀层和经过化学热处理的表面薄硬层,较薄的片、丝等,如果用洛氏或布氏硬度来测定硬度,很难得到精确的硬度值,这时需采用显微硬度计测量。研究合金的显微组织时,常常有必要来评定各个独立组织组成物的硬度,这样硬度测定的对象缩小到显微尺度以内的方法,就称为显微硬度测定法。显微硬度试验原理与维氏硬度法相同,其原理如图 3-45 所示。

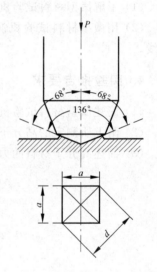

显微硬度计使用的压头是金刚石正棱角锥体,两相对锥面间的夹角为 136°。在载荷 P 的作用下,在被测金属表面上压出一对角线长度为 D 的方形压痕。维氏硬度值(HV)为压痕单位表面积上所受的压力,可按下式计算:

$$HV = 0.1891P/d^2$$

式中,HV——显微硬度符号,HV;

    P——载荷,N;

    d——压痕对角线长度,mm。

也可根据测得的 d 平均值,由相关表中查出显微硬度值。显

图 3-45 显微硬度试验原理图

微硬度采用的载荷有 0.098 N(10 g)、0.245 N(25 g)、0.490 N(50 g)、0.981 N(100 g)、1.961 N(200 g)、2.943 N(300 g)、4.903 N(500 g)、9.807 N(1000 g)。在使用时尽可能选用较大的载荷,以减少测量压痕对角线长度的误差。被测表面部位要求细磨或抛光。

显微硬度适用于测定金属金相组织中某个组织或某个相的硬度,测定极细小零件的硬度,以及测定渗碳层、氮化层、镀层等表面处理层的硬度。这是用布氏、洛氏、维氏法所不可能测得的。目前显微硬度的测定,在材料学领域中已成为不可缺少的研究工具,它不仅为工程材料学提供了极多有用的数据,而且在材料学的理论研究方面也取得了很多成果。

下面介绍两种显微硬度计。

1) HX-1 型显微硬度计

HX-1 型显微硬度计是一种手动加载、人工读数式的显微硬度计。其主要技术指标有:

金刚石压头:方形棱锥体,对面夹角 136°±20′;

载荷:0.0196~1.96 N(负荷质量:2~200 g);

显微镜放大倍数:130 倍、487 倍;

测微计鼓轮刻度值：0.3 μm/小格（487 倍时）；

压痕对角线测量范围：4～240 μm；

载物台纵、横向行程：10 mm；

试样最大尺寸：100 mm×100 mm×90 mm。

HX-1 型显微硬度计的操作过程：

(1) 制备好试样，选加适当载荷；

(2) 转工作台于左止档，置试样于物镜下方，调整焦距，选择压印位置；

(3) 均匀转动载物台至右止档，使试样处于压头下方；

(4) 在 10～15 s 之间，连续而均匀地反时针转动压杆操纵手柄（从一个止位到另一止位），使压杆下降而压入试样；

(5) 保持载荷 5～15 s，顺时针转动压杆手柄，使压头回复原位；

(6) 转动工作台至左止档，使试样仍回复至物镜下方；

(7) 以载物台微动螺钉移动试样，使压印之两边与交叉线相吻合，然后固紧螺钉，记下测微器读数（包括测微器托架内分度线指示之数，以及测微器鼓轮指示之数）；

(8) 转动测微鼓轮，使压印另外两边与交叉线重合，再记录测微器第二次读数；

(9) 求两数之差，乘以鼓轮刻度值（0.3 μm），即得压印对角线之长（单位：μm）；

(10) 根据载荷 P 和对角线长 D，即可查相关表格得到硬度值，或进行计算得到。

2）MH-3 型显微硬度计

MH-3 型显微硬度计是一种数显式的显微硬度计。其特点是自动加载，自动保持载荷，自动卸载。测量精度高，稳定性好。硬度值直接读数获得，不用查表。使用方便、快捷。

MH-3 型显微硬度计的主要技术指标：

加载载荷：0.098 N（10 g）、0.245 N（25 g）、0.490 N（50 g）、0.981 N（100 g）、1.961 N（200 g）、2.943 N（300 g）、4.903 N（500 g）、9.807 N（1000 g）；

加载速度：50 μm/s，自动加载，自动卸载；

测量长度：0.1～200 μm，样品最大高度：86 mm。

MH-3 型显微硬度计的操作过程如下：

(1) 检查电源，确保仪器在规定电压（220 V，50 Hz）及规定接线下工作，接通电源；

(2) 将样品放在载物台上，调节载物台升降轮，使目镜中可清晰观察到被测样品表面；

(3) 用操作面板上照明灯亮度键中的"＋"、"－"调整显微镜的照明亮度；

(4) 用操作面板上保载时间键中的"＋"、"－"设置被测样品的保载时间；

(5) 调节目镜视度（即旋转目镜的直纹外壳），使操作者能观察到两根测量线最清晰；

(6) 调节测量线调节轮，使两根测量线的内侧恰好相切，按下控制面板上的 ZERO 键清零；

(7) 用载物台 X、Y 手轮将被测样品移动到所需测量的位置；

(8) 旋转塔台，将压头转入打压痕位置，按操作面板上的 START 键，自动打压痕→保载→卸载（压头进行打压痕程序时，切勿移动载物台，否则将损坏压头和样品）。

(9) 测量、读数

① 转动测量线调节轮，使两根测量线的内侧面与菱形压痕相切；

② 按下操作面板上的 READ 键（或目镜上的读数键），读取对角线 $D1$；

③ 转动目镜 90°,重复①、②操作,读出 $D2$ 值;

(10) 被测样品所有需测点测量结束后,如更换样品,按清除键 CLEAR;

(11) 测试结束,关闭电源。

使用显微硬度计要注意以下事项:

(1) 显微硬度计的压头非常精密,试样表面必须抛光,以免损坏压头;

(2) 压印中心到试样边缘的距离,或两相邻压印中心之间的距离,应不小于二倍压印对角线之长;

(3) 试样厚度应不小于压印对角线长度之一倍半;

(4) 试验金属合金之单独结构部分时,同样采用上列规定,并以晶粒的边界视作试样的边界;

(5) 试验时压头未离开试样表面时不得转动工作台(HX-1 型显微硬度计)或装有压头的塔台(MH-3 型显微硬度计);

(6) X-Y 方向移动鼓轮每小格为 10 μm。

3. 实验内容

(1) 测定退火状态的 45 钢中铁素体和珠光体的显微硬度。

(2) 测定镀层的显微硬度。

4. 实验报告要求

(1) 简述 MH-3 型显微硬度计的操作过程。

(2) 附上所测试样的显微硬度值。

*实验 9　视频显微分析仪在金相分析中的应用

1. 实验目的

(1) 了解视频显微分析仪在金相分析中的应用。

(2) 学会视频显微分析仪的使用。

2. 概述

在材料研究和零件失效分析工作中,通常使用的设备是金相显微镜或电子显微镜。随着电子技术和计算机技术的发展,一种新的金相分析仪器——视频显微分析仪被研制出来,已在科研工作和工程实际中得到应用。

视频显微分析仪主要由摄像头、采集卡、计算机及电源组成,用相关的软件进行参数设置和数据采集,形成图像。视频显微分析仪的用途有:零件断口分析;显微组织观察和分析;小型零件的实物照相。

KH-1000 视频显微分析仪的放大倍数范围很宽:低倍 4×,中倍 50×～300×,高倍 200×～4700×,因此其应用范围很广。景深大,调节方便、快捷。由于采用数字化图像存储方式,便于网络传输。

KH-1000 视频显微分析仪的操作规程:

(1) 打开电源及计算机中相关软件;

(2) 将样品放在载物台上适当位置;

(3) 在显示器视屏幕上打开检测控制钮,单击 SOURCE 钮,用粗调搜索视场,直到看到视野中的图像,然后进行微调;

(4) 用适当的放大倍数进行观察,调整载物台 X、Y 方向旋钮,进行观察分析,可调整亮度、对比度;

(5) 找到满意的图像时,单击 FREEZE 钮,记录图像;

(6) 键入欲存图像的文件名;

(7) 单击 CAPTURE 进行摄像,将图像保存;

(8) 重复上述(2)～(7)操作至所有样品观察完毕;

(9) 用 LOAD 功能调用已有的图像文件进行观察;

(10) 退出软件,关闭视频显微分析仪,关闭电源。

KH-1000 视频显微分析仪的使用注意事项:

(1) KH-1000 视频显微分析仪的系统为 NTSC,信号源为 S-VIDEO;

(2) 更换镜头时要把固定螺钉拧紧;

(3) 调焦时请勿使镜头与样品接触。

3. 实验内容

(1) 了解视频显微分析仪的结构,学习视频显微分析仪的使用。

（2）观察和分析下列样品：断裂件断口、T8钢的低倍、高倍组织。

4. 实验报告要求

（1）简述 KH-1000 视频显微分析仪的特点和操作过程。

（2）附上观察和分析样品的图像。

*实验 10 综合实验

1. 实验目的

(1) 了解工程材料金相分析的一般过程。

(2) 初步学会金相摄影和暗室技术。

2. 概述

在实际生产和科研工作中,为了解和分析工程材料的显微组织和性能,常常需要进行金相分析工作。进行金相分析,首先需要制备合格的金相样品。样品的制备包括取样、镶样、磨制、抛光、组织显示等几个步骤。认真细心地制备好一块表面平坦、组织清晰真实的金相样品是金相分析的关键。制备好合格的金相样品后,即可在金相显微镜下进行观察,结合材料的来源、成分、工艺等原始情况,运用材料科学的基本理论知识进行显微组织分析。必要时结合电子显微镜、能谱仪、X 光衍射仪等分析结果进行组织和相的确定。为了研究和保存资料,写金相分析报告或论文,需要将金相显微组织拍摄下来,这种过程称为金相摄影。底片经冲洗、印相等操作后,就可得到金组织照片。

(1) 金相样品的制备

金相样品的制备过程详见实验 6。金相显微摄影样品制备的质量比一般仅作观察用的样品质量要求要高。样品观察表面必须平坦,无明显的磨痕、污点、拖尾及变形层。腐蚀程度要合适,以使组织清晰真实。

(2) 金相摄影

金相摄影时,照明光线照射到试样磨面上。由磨面反射回来的光线通过物镜、照相目镜、快门,到达照相机内的底片上,进行曝光。曝光时间与光源强度、光圈大小、滤色片、放大倍数、感光胶片、试样组织等因素有关。曝光时间可通过试验确定。本次实验中,有关参数如下:

设备:XJZ-1 型金相显微镜;

胶卷:GB 21°120 全色胶卷;

光源电压:5~6 V;

光圈:光斑直径 $\phi5$ mm;

滤色片:绿色;

物镜放大倍数:45 倍;

照相目镜放大倍数:6.4×;

曝光时间:15~20 s。

金相摄影操作过程:

① 将胶卷装入金相摄影照相机内。

② 将显微镜反光镜拉出,在照相观察目镜中选择所需照相的合适视场。

③ 调节焦距,使成像清晰。

④ 扳动快门保险一次。

⑤ 打开快门,使底片曝光。

⑥ 关闭快门。

(3) 底片冲洗

底片冲洗步骤为:

① 显影:胶片用清水浸湿后放入显影液中,使底片上感光的溴化银还原成金属银,获得可见影像。底片上的黑白影像与被摄原物明暗情况相反。

常用显影液为D-72,其原液配方为:

水(约50℃):750 ml

米吐尔:3.1 g

无水亚硫酸钠:45.0 g

几奴尼:12.0 g

无水碳酸钠:67.5 g

溴化钾:1.9 g

加水至:1000 ml

底片显影用显影液,尚需在上述原液中加水1000 ml(即用水1:1冲淡),显影温度为18~20℃,显影时间为8~10 s。显影操作应在全暗条件下进行,必要时可在深绿色暗室灯光下察看底片,以确定显影情况。

② 定影:显影后底片用清水冲洗后,放在定影液中,除去底片上未感光的溴化银,使影像固定。

常用定影液为F-5,其配方为:

水(约50℃):750 ml

硫代硫酸钠:240.0 g

无水亚硫酸钠:15.0 g

醋酸(28%):48 ml

硼酸:7.5 g

硫酸铝钾:15.0 g

加水至:1000 ml

定影温度为16~24℃,底片定影时间为15~20 min。定影后期可开白灯察看底片。

③ 清水冲洗:将定影后底片用流水冲洗25~30 min,然后挂起晾干。

(4) 印相

利用底片对相纸进行曝光,再通过显影、定影操作获得照片的过程称印相。印相步骤如下:

① 曝光:在印相机上将相纸盖在底片上进行曝光。照相纸分为1号、2号、3号、4号几种。1号相纸反差小,层次好;4号相纸反差大,层次差。制作金相照片一般采用3号、4号相纸。曝光时底片药面向上,相纸药面与底片药面相接触。曝光时间可通过试验确定,一般以相纸显影时间为2 min即能得到清晰照片为适中。

② 显影:采用显影液为D-72,相纸显影用时,需在100 ml原液中加入200 ml水(即水:原液为2:1)。显影操作过程与底片显影相同,但相纸显影可在红光下进行。显影温度为

15～20℃,显影时间为 1～3 min。

③ 定影:将显影后相纸用清水冲淡后放入定影液中定影。定影液为 F-5,温度为 15～24℃,定影时间为 10～15 min。

④ 清水冲洗:用流水冲洗相片 25～30 min。

⑤ 上光:在上光机上进行,用电热将相片烘干上光。

3. 实验内容

(1) 制取金相样品一块。材料由实验室提供,亦可采用实验二由学生进行热处理后的样品进行制样。

(2) 观察并分析样品的显微组织。

(3) 进行金相摄影和暗室操作,制取金相照片。

4. 实验报告要求

(1) 简述实验过程。

(2) 附所摄底片和金相照片各一张。

(3) 本次实验的收获和体会。

清华大学出版社理工分社
中国北京海淀区双清路学研大厦
邮政编码:100084
电话:(010)62770175 转 4119/4113
传真:(010)62784897

清华大学出版社网
http://www.tup.com.cn
清华大学出版社教师服务网
http://www.wqbook.com/teacher
服务邮箱
huht@tup.tsinghua.edu.cn
gonghr@tup.tsinghua.edu.cn

尊敬的老师:

您好!

《工程材料（第 5 版）》（2011 年 2 月第 1 次印刷）出版后，作者又对其中的内容重新做了审核，并在此次重印时（2011 年 7 月第 2 次印刷）做了进一步的文字补充和修改，以此为蓝本，编辑出版了《工程材料习题与辅导（第 5 版）》和两种教学资源:《工程材料（第 5 版）教师参考书》、《工程材料（第 5 版）多媒体教案》。

为了您更好地开展"工程材料"课程教学工作，提高教学质量，我们将通过两种方式为您提供与主教材配套的教学资源。

方式一: 请您登录清华大学出版社教师服务网: http://www.wqbook.com/teacher 清华大学教师服务网是隶属于清华大学出版社数字出版网"文泉书局"的频道之一，将为各位老师提供高效便捷的免费索取样书、电子课件、申报教材选题意向、各学科教材展示、试读等服务。

方式二: 请您完整填写如下教辅申请表，加盖公章后传真给我们，我们将会为您提供与教材配套的教学资源。

此外，如果您是使用《工程材料（第 5 版）》教材的任课教师，您可以同本书责任编辑联系，以免费更换您手中 2011 年 2 月第 1 次印刷的教材。

主教材书名				
作　者			ISBN	
申请教辅资料				
申请使用单位	学校院系: 课程名称:			本学期采用本教材册数:
主讲教师	姓名		电话	
	通信地址			邮编
	e-mail		MSN/QQ	
声　明	谨保证不用本材料进行商业活动，只用于我校相关课程教学。			
您对本书的意见		系 / 院主任:＿＿＿＿＿＿＿＿＿＿（签字） （系 / 院办公室章） ＿＿＿年＿＿月＿＿日		

本书编辑联系方式: 北京市海淀区双清路学研大厦 B 座 4 层，100084

清华大学出版社理工分社工科事业部 宋成斌 电话: 010-62770175-4102 邮箱: songchb@tup.tsinghua.edu.cn